0~6岁，儿童
感觉统合训练

于 帆 ◎ 著

中国纺织出版社

国家一级出版社
全国百佳图书出版单位

内 容 提 要

感觉统合问题是关系儿童一生的大问题，需要引起父母高度重视。目前，感觉统合失调的中国儿童人数非常多。有些儿童学习不好，可能与感觉统合失调有很大关系，其主要原因是不能很好地将各器官感觉信息统合起来，从而影响其对身体内外的知觉作出反应。

0~6岁的儿童，可塑性很强，父母要把握时机，加强感觉统合的训练，及时发现并纠正感觉统合问题。

本书全面地讲述了感觉统合系统的常识，并提供了很多适合0~6岁儿童训练的游戏，对于父母科学地对儿童进行训练具有非凡的指导意义。

图书在版编目（CIP）数据

0~6岁，儿童感觉统合训练／于帆著.—北京：中国纺织出版社，2019.6（2020.3重印）
ISBN 978-7-5180-6033-7

Ⅰ.①0… Ⅱ.①于… Ⅲ.①学前儿童—感觉统合失调—训练 Ⅳ.①B844.12

中国版本图书馆CIP数据核字（2019）第051285号

责任编辑：江 飞　　责任校对：楼旭红　　责任印制：储志伟

中国纺织出版社出版发行
地址：北京市朝阳区百子湾东里A407号楼　邮政编码：100124
销售电话：010—67004422　传真：010—87155801
http：//www.c-textilep.com
E-mail：faxing@c-textilep.com
中国纺织出版社天猫旗舰店
官方微博http://weibo.com/2119887771
三河市延风印装有限公司印刷　各地新华书店经销
2019年6月第1版　2020年3月第2次印刷
开本：710×1000　1/16　印张：15.5
字数：155千字　定价：49.80元

前言

　　一百多年前，有一位年轻的妈妈去请教科学家达尔文："先生，我的孩子应该从何时开始教育呢？"达尔文反问道："你的孩子有多大？"那位妈妈得意地说："他才两岁半呢！"达尔文惋惜地回答："夫人，你已经迟了两年半了。"从这个故事中我们可以看出，对孩子的教育应当从0岁开始。不过，教育子女并不像想象的那么简单，父母不仅需要科学育儿知识，还要掌握各个时期孩子身心发展的规律。

　　孩子的身心发展与大脑的活动有着密切的联系，大脑是人类思维、情绪、学习等活动的物质基础，能够将身体各种感觉器官传来的感觉信息进行有效的分析、组合和综合处理，将所有散乱的信号组成一个完整一致的整体信息，然后再发出指挥肌肉、关节的运动指令，这是大脑活动的最基本过程，也叫作感觉统合。

　　人类遗传基因中，都有感觉统合的基本能力，从胎儿期开始，孩子的感觉统合能力就已经略有萌芽。出生后，这种能力又随着大脑以及各种感官能力的发展而发展。例如，从单纯的各种感觉发展到初级的感觉统合，进一步发展到身体双侧的协调、眼手的配合、注意力集中、情绪的稳定性及目的性活动，最后发展到高级的感觉统合能力，如知觉动作能力、符号认知能力、数理能力、自控能力、学习能力等。

感觉统合能力在孩子的成长过程中起着重要的作用。有些孩子的智力并没有问题，但学习能力方面总是存在各种不同的障碍，如注意力集中时间短暂、写作业拖拉、粗心大意、书写困难、阅读困难、计算粗心、情绪不稳等。这样的孩子并不是得了多动症，也不是智力或生理问题，而是感觉系统出了问题，是幼儿时期训练不足引起的感觉统合失调所致，是大脑功能发育不协调造成的，需尽早发现并及时进行矫治训练。

感觉统合训练可以从孩子一出生就开始进行，一般情况下，经过1～3个月的专业训练，就可以取得明显的效果，它不仅能解决感觉统合失调等问题，更重要的是可以预防感觉统合失调，促进孩子身心健康、全面、协调发展，还能开发孩子大脑的潜能，提高智力和学习能力。

本书吸收并融合当前最流行的教育理念，以感觉统合教育理论为指导，详细介绍了感觉统合的原理、作用、特点等，并提供了许多亲子游戏，使孩子能在游戏中快乐地完成各种感觉统合的训练。

这是一本认知书，孩子可以通过视觉感受书里的图画、聆听父母或老师的讲述，达到感觉概念的认知。这又是一本方法书，父母和老师可以借鉴书里教授的方法，对孩子进行感觉统合训练。

本书在编写过程中，参考了一些书目，详见文后的《参考文献》。另外，刘宁在本书的策划和编写方面也给予了许多帮助和指导，特在此一并表示感谢。

于帆

2018年9月

目录

第一章

了解感觉统合问题

　　孩子是家庭的希望，是祖国的未来，对他们的教育和培养总要排在首位。孩子的将来如何，早期教育与培养的结果如何，很大一部分原因与儿童的感觉统合有关。

什么是感觉统合

感觉统合主要分为平衡统合、触觉统合、本体感觉统合、视觉统合和听觉统合五大方面，最早是由美国南加州大学爱尔丝博士（Dr.Jean Ayres）在1969年提出的，其目的是了解孩子学习、行为等障碍的原因，并提出事前预防和矫治的方法。

感觉统合是机体在各种环境中利用自己的感官获得各种有效信息并作出适应性反应的一种能力，包括视觉、听觉、味觉、嗅觉、触觉、前庭觉和本体觉等。这些信息输入大脑，大脑对输入信息进行加工处理，然后形成解释、比较、增强、抑制、联系、统一等和谐有效的运作行为。

　　通常情况下，大脑的不同部位只有经过统一协调的工作，才能将信息处理好，完成人类高级、复杂的认识活动，包括注意力、自我控制能力、概括和理解能力。各种认识活动就像是一个交通指挥者，让各种信息有条不紊地在大脑的"高速路"上飞驰，如果发生问题，就会造成机体不能有效运作，使"交通"乱作一团，引发感觉统合失调，给孩子今后的学习、生活、活动带来不便。

　　人类的各种感觉是大脑和身体相互协调的学习过程，有80%的学习是在婴幼儿时期进行的，因此，父母应对这方面加以重视，并针对孩子做一些早期感觉统合训练。

　　现实生活中，有感觉统合问题的孩子很多，但很多父母都没有引起注意。例如，有一个孩子叫小明，他活泼好动，经常碰伤、擦伤，问他怎么弄的，他竟然说不知道，还说并不觉得疼痛。有一次，妈妈亲眼看见他跌得头破血流，他却立即爬起来，丝毫没有发现自己受伤。从这种现象来看，小明对自己的疼痛没有太多的感觉，可见他是一个触觉缺乏的孩子。

　　触觉是分布于全身皮肤上的神经细胞接受来自外界的温度、湿度、疼痛、压力、振动等方面的感觉。而对于感觉，人们一般比较关注视觉、听觉和嗅觉，实际上，人类需要的最基本而且最重要的感觉是触觉、前庭平衡觉和运动觉，因此，感觉统合训练应主要针对这些方面来进行。

　　为了加深对感觉统合过程的理解，可以参考下面的"感觉统合过程表"。

　　表格的最右侧一栏显示的是孩子的专注、思维、观察、自信、自律、行为及听、说、读、写、算等基本学习能力，这些能力是无数次感觉学习经验积累的结果，是人类成功的基础条件。早期教育正是通过感觉——动作游戏来编织大脑的智慧网络，即各种学习能力，而不是教授技巧和知识。表格的最左侧一栏是接收信息的感觉系统。表格中间三列内容显示三个层次的感觉统合。0~2个月的孩子侧重于第一层次的统合，1岁左右的孩子第一、二层次的统合最重要，3岁的孩子在第一、二、三层次的基础上，第四层次开始快速发展。

感觉统合过程表

各种感觉	各种感觉输入的统合情形			最终产品
	第一层次统合（2个月）	第二层次统合（1岁）	第三层次统合（3岁）	第四层次统合（6~7岁）
听觉			说话	集中注意力
			语言	
前庭（重力移动）	眼睛运动			组织能力
	姿势	身体感受		自尊
	身体平衡	身体双侧协调		自制
本体感受（肌肉与关节）	肌肉张力	动作计划	眼与手的协调	自信
	重力安全感			学业学习能力
触觉（接触）	吸	活动的程度	视觉认知	抽象思考与理解力
	吃	注意力时间长短	有目的活动	
	母婴亲情	情绪的稳定		身体与大脑的单侧化
	触觉快感			
视觉（看）				

感觉统合的作用

感觉统合是一个复杂而系统的过程，是智力思维和全身各肌能活动的前提，关系到每个孩子的健康成长。综合起来，感觉统合的作用主要表现在以下几个方面：

1.综合信息

世界万物常常是以整体的形式呈现给人类的，而人的各种感觉是由各个器官局部、独立、分散地完成，感觉统合的功能便把各种感觉加以综合，形成统一、完整的整体认识。例如，人对一只猫的认识，其感知是由眼睛、鼻子、嘴巴、皮肤、手指以及关节等各种感觉器官共同完成的，即人对猫的各种感觉刺激进行了统合。

2.组织协调

人体的不同感官世界的众多感觉刺激，这些感觉会通过各个传入和传出的专用通道传递到大脑中。如何才能把这些感觉信息组织好、处理好，使人的身体根据这些信息顺利做出各种动作并进行适当的活动，是大脑的首要任务，也是感觉统合组织功能的最终体现。如果大脑不能完成组织协调工作或者只能部分完成，人的思维和动作也不会完整。例如，人处于高温环境之中，首先是肌肤对温度的感觉，然后传递到大脑形成思维，他就会想"怎么办"。然后大脑指挥眼睛观察周围的环境，看是否有可以降低高温环境的条件，如果当时环境中没有什么东西可以降温，他就会作出最后的决定——跑出去。试想一下，如果感觉不良，感受不到高温，就不可能让大脑作出适当的指令。如果大脑功能有问题，即使身体感觉到了高温，也不能做出跑出去的行动，就会造成对身体的严重伤害。

3.检索分析

人在社会环境中，接受到的各种感觉刺激非常多，而人的大脑不可能把输入的每一种信息都做出动作反应，而是在其中分析挑选，把最有用、最重要的那部分信息检索出来，以供大脑协调使用，做出的反应就更为准确、及时。例如，在人的面前有一盘水果，其中有香蕉、樱桃、梨、核桃、苹果等，人的眼睛及其他感觉信息不仅要迅速传达到大脑，而且大脑根据记忆，把最好吃的、自己平时最喜欢吃的、从没吃过或很少吃过的水果逐一分类，然后做出的行动只能是一个——拿一种水果送入口中，而不会把所有水果都塞入口中。

4.保健调节

人的感觉统合良好，就能很好地适应内外环境，产生胜任、满足等有利于身心健康的感觉，从而调节机体的各项功能，促成全身整体的健康发展。如为了保持人体的正常体温，夏天时人的身体能够自动通过流汗来调节，而冬天当受到低温时身体会通过寒战、运动甚至逃避来解决。又如，在情绪方面，人常会因各种原因产生嫉妒、愤怒、紧张、害怕等情绪，产生这些情绪很正常，但正常的孩子在经过一次或两次后就能迅速从过去的记忆中找出应对的方法，从而调整好自己的心态、情绪，做出正确的处理。而在现实生活中，很多智障的孩子就是因为感觉统合失调或大脑功能不良，不仅思维、动作迟钝，而且情绪自控能力低，经常无缘无故发脾气，很难被说服，这也会给父母的身心带来极大的痛苦。

感觉统合能力的发展阶段

其实，每一个正常的婴儿，出生时都具有像莎士比亚、莫扎特、爱迪生、爱因斯坦那样的潜能，但潜能到底能够发挥多少，却由后天环境因素决定。

19世纪初，德国教育家卡尔·威特的儿子小威特先天发育不足，于是，威特针对小威特的情况制订了一套教育计划，以培养孩子对事物的兴趣和求知欲望。结果令人惊叹：小威特8岁时已经能运用德、法等6种语言，通晓物理、化学，尤其擅长数学；9岁考入大学；14岁获得博士学位，两年后又获得法学博士学位，成为柏林大学法学教授。相反，印度狼孩就是因其错过了一般人的教育关键期所造成的，这是后半生无法弥补的损失。

由此可见，孩子大脑的发育和外界环境、教育密切相关，开发孩子的大脑智力、提高孩子的素质，必须抓住大脑发育关键期，0～6岁就是是孩子天赋潜能开发的最佳时期，年龄越小，大脑的感觉统合能力越容易培养。特别是有生理缺陷的孩子，如果不给予丰富的环境刺激，使这些潜能发挥出来，其潜能就会消退，永远激发不出来。

但是，孩子的感觉统合要根据孩子身心发展规律来进行，不能强行"突破"，必须掌握感觉统合能力发展的阶段性特点，才能使感觉统合能力发挥得更好。

1.感觉统合从胎教做起

母亲从怀孕那天起，就意味着新生命的开始。当胎儿发育3～8周后，脑的容量迅速增加，至怀孕5个月时，胎儿大脑已得到充分发育，这种迅速发育的趋势一直持续到足月，直至出生后的几年内。胎儿脑发育的过程，实际上是接受外界刺激的过程，只不过胎儿期是在子宫内接受信息而已。所以，感觉统合训练可以从胎儿期做起。胎教可以从父母的抚摸、呼唤、听音乐、讲故事等做起。妈妈的兴趣爱好、一言一行，都在潜移默化地影响着胎儿神经和脑的发展。所以，要特别注意不要在怀孕期接受不良的信息，如抽烟、嗜酒等。

2.初级感觉统合阶段（1～2岁）

当胎儿出生后，神经系统仍在不断地发育和完善，神经突触在加强链接，末梢神经在迅速发育。一个人出生时脑重量为350～400克，是成人脑重的25%；但经过短短6个月的发育，大脑的重量就可达到出生时的2倍，占成人脑重的50%；2岁时，脑重为出生时的3倍，约占成人脑重的75%。当孩子的大脑逐渐发育成熟时，脑细胞就会分出许多侧枝，形成各种神经的专用通道，多种神经感觉整合后形成知觉。例如，婴儿很快就能认出父母的面容以及听出父亲的声音，6个月能够翻身，7个月会坐，8个月会爬，1岁会走，一岁半时能听懂常用词含义。

为适应大脑的快速发育，这一时期的感觉统合应该多采用视觉、触觉、听觉、嗅觉、味觉等各方面的训练，如婴幼儿时期要多给孩子以亲密肌肤间的拥抱、抚摸、亲吻，以增加其对父母的亲近感，也增加其触觉的敏感性；父母可以经常呼唤孩子的名字，或唱歌、听音乐等，使他的听觉受到刺激；可以用各种颜色的图片（多采用黑白图片）在婴儿面前让其观察、识别，以锻炼其视觉感官的功能；以鲜花或其他香味刺激其嗅觉；将各种味道的食品让其品尝，以刺激其味觉等。

3.中级感觉统合阶段（3~5岁）

脑重1050~1150克。专用神经通路随感觉统合而增多，使大脑5个语言区发育成熟，并建立相应的联系，促进孩子语言能力的发展。3~5岁是孩子语言、智力、个性形成和发展的关键时期，其能力的获得和发展都是感觉统合学习训练的结果。肌肉关节的本体感觉、前庭位置感觉、皮肤触压觉、视觉、听觉等，经过感觉统合学习训练后身体运动、手眼运动可以变得协调，保持良好的平衡。各种感觉信息刺激大脑，经统合后产生注意力、记忆力增强，可形成对事物的认知、评价、记忆、学习经验，表现为意志力、记忆力、运动协调、手眼协调、情绪稳定，能通过意志控制自己的行为，有目的地进行运动，并具有语言能力，如果教育适当，3岁孩子会说出1000个以上的多词汇语言。

4.高级感觉统合阶段（6岁起）

从孩子6岁起，就进入了高级感觉统合时期和脑成熟时期。在这两个阶段，孩子的感觉统合能力已经发展得非常完善，但父母仍然应当根据自己孩子的特点因材施教，从不同的渠道进行有计划有步骤的开发和教育。不过，这不属于本书的内容，在此不详细叙述。为了加深对儿童感觉统合的了解，下面为大家提供"0~6岁儿童感觉统合的发展规律表"，仅供参考。

0～6岁儿童感觉统合的发展规律表

发展阶段	统合感觉发展情况
出生前	5周以后：发展触觉。
	9周以后：发展前庭觉。
新生儿第1个月	感觉系统发展成熟，尤其前庭觉。
	借由感觉建立关系（触觉、本体觉）。
	眼睛和颈部的发展帮助进一步发展其他能力。
5～6个月	前庭觉促使头部直立。
	视觉追踪稳定。
	前庭觉、本体觉、视觉整合。
	以4～6个月开始抓东西吃，双手在身体中线玩：视觉、本体觉、触觉整合。
	6个月时原始反射开始整合，主动动作开始，脱离反射影响。
7～12个月	开始有移动能力（爬），发展身体形象。
	操控精细物品：触觉、本体觉、视觉、前庭觉整合更加优良。
	听觉增加：开始发出声音，控制学习话语。
	自我喂食：逐渐开始使用工具。
1～3岁	走路进步，动态平衡控制精致化。
	触觉分辨能力、精细动作控制逐渐进步。
	身体形象、动作企划能力更趋完善：有利姿势变换。
	喜欢模仿以获得新的感觉经验。
	开始思考怎么玩、怎么操作，促使动作计划能力进步。
	自我概念发展更好，对环境更有影响力。
3～6岁	为神经可塑性的高峰期，各项能力更为进步。
	有强烈内在驱力引导做出较高难度的适应性反应：高活动量。
	视觉动作整合优良：剪贴、画图。
	产生胜任以及有自信的感觉。
	可以做事也可同时回答问题：各项感觉刺激整合良好，做出适应性反应。

感觉统合教育

在现实的教育实践中，少数孩子学习能力低下一直是父母和教育工作者关心的话题，不论是家庭还是幼儿园、学校，更多的是看重结果、重视分数，而忽视学习能力的来源及发展规律。例如，中国的学校教育更多地涉及教学环境、学习方法、教学策略、师生关系、孩子的行为改变等教育领域内的问题，而在孩子心理方面一直不够重视。大人长期以来已经习惯于从学习态度甚至思想道德品质方面来衡量问题的性质，造成许多孩子在学习障碍上的误区。

人的学习能力与智力不同，智力一生不会有大太改变，而学习能力却是在生活游戏中逐年增长的，并非达到一定年龄就一定具备这个年龄的学习能力。我们总用智商来判断一个孩子能否正常学习，却不去探究他们在能力上落后的原因，所以导致教育的失误。

感觉统合教育是孩子最基础的教育，孩子首先进行的学习不是弹琴、绘画、数学、物理，而应该是感觉统合的学习。教育要从孩子的问

题出发，孩子如果有感觉统合失调的问题，就更应该接受相应的感觉统合教育。对人类而言，最重要的并非知识，而是学习能力，即如何吸收、消化、使用知识的能力，是身体感官、神经组织及大脑间的互动。大脑是人类思维、情绪、学习等心理活动的基础，它的功能状况意味着人的心智完善与否。

科学研究表明，一般人只用了大脑智力潜能的10%，尚有90%在童年没有得到开发。成年以后，这些"脑资源"就被荒废了，仅成为平庸之人。即使被认为聪明绝顶的伟大科学家爱因斯坦，他去世后大脑被解剖并进行分析，科学家们发现他的大脑智能的潜能也只用了不到30%，可见人的大脑具有巨大的挖掘和利用的余地，尤其是右脑的潜能极大，其信息容量是左脑的数十万倍，很大一部分都没有被充分利用。

任何人必须经过感觉学习，大脑才能有效地发展出完整的思考能力，产生自发自动的学习效果。但是，由于人的大脑神经细胞有140多亿个，分为100多万个感觉区，因此，感觉学习的过程细腻复杂，感官在输入信息的同时，大脑神经细胞的接受过程必须是灵敏、准确的，所有受信息刺激影响的感觉区对同时输入的许多感官信息的协调和整合必须迅速而且完整，否则便会影响孩子思考能力和学习能力的发展和成熟。

身体的视、听、嗅、味、触及平衡感官，通过中枢神经、分支及末端神经组织，将信息传入大脑各功能区，称为感觉学习。大脑将这些信息整合，做出反应再通过神经组织，指挥身体感官的动作，称为运动学习。感觉学习和运动学习的不断互动便形成了感觉统合，感觉统合促使孩子的感觉神经不致中断，所有的学习和动作才能顺利进行。感觉统合不足，便会形成脑功能的反应不全，会引发学习上的困难。也就是说，孩子不仅需要感觉学习，还需要感觉统合的学习。

感觉统合教育是对孩子的感觉及感觉统合能力通过各种方式进行训练，从而使其感觉统合能力不断提高、矫正、完善的过程。对感觉统合的教育与对感觉的教育其实是一致的，训练孩子的感觉即可达到感觉统合的目的。进行感觉统合教育既顺应孩子自然发展的天性，有利于其感受环境的刺激，发展、提高感觉的敏锐性及感觉统合能力；又有利于提高孩子将来思考、解释事物的综合性和整体性水平，促使其行为素质发展。

过去，感觉统合训练大都只是针对有学习、运动、社会适应等方面障碍行为的"感觉统合失调"的孩子进行矫治训练。而现在，"感觉统合矫治"已经逐渐转变为"感觉统合活动"，感觉统合训练已被引入家庭、幼儿园、专门机构、学校课堂，成为提高孩子思考、解释事物的综合性和整体性水平，促使孩子行为素质发展的教育手段。

感觉统合训练不仅是对生理功能的训练，还涉及心理、大脑和躯体之间的相互关系，孩子通过训练可增强自信心和自我控制能力。孩子经过一段时间的行为集中训练后，动作会变协调，情绪会变稳定，注意力能得到改善，对于学习困难的孩子，参加感觉统合训练后，学习成绩也会显著提高。

感觉统合与孩子身心发展

学习和生活是孩子在成长过程中重要的"任务"，想要出色地完成这两项任务除了要依靠父母的教导之外，主要依赖的还是大脑与神经系统之间的协调，这就是专家常说的感觉统合。感觉统合对于孩子的身心发展有极其重要的作用。例如，当感觉统合处于良好的运作状态时，孩子的大脑能够及时地发出指令，使眼睛、耳朵、手、脚产生高度的协调一致感，因此，无论是在学习中还是日常生活、活动中都表现出适应性强、语言表达能力强、沟通能力强等特点；相反，如果感觉统合出现紊乱，孩子的大脑虽然能发出指令，但由于无法被眼睛、耳朵、手等部位及时接受，这些指令就会造成堵塞，像拥挤的交通一样，使孩子无法迅速而准确地了解指令，从而使认知、行为、学习、情绪、社交等方面出现异常。

由此可见，感觉统合能力对于孩子的身心发展起着非常重要的作用，它主要体现在以下几个方面：

1.感觉是感觉统合发展的基础

所谓感觉，就是感觉器官将其所看到、听到、尝到或者闻到的事物交给大脑，由大脑进行加工并对客观事物所产生的基本反应，它是感觉认知的初步阶段，也是构成感觉统合的基本要素。想要使感觉统合得到发展，就要经常刺激感觉器官以及大脑的感觉区。例如，视觉区、听觉区、味觉区、嗅觉区在左脑的底层，触觉区以及平衡区在大脑的正中央。在进行刺激即感觉统合训练的时候，一定要注意大脑训练的平衡性，以保证孩子左右脑同时发育。不过，婴儿在出生的7个月内，大脑的运作功能不强，无法同时活动左脑和右脑，感官接受讯息后通常只能由左脑进行初步的组织、整理、分派以及记忆的统合学习，因此需要父母逐步开导、训练，使孩子逐渐掌握感觉统合训练的技巧。

2.焦距稳定促进视觉成熟

人的每只眼睛都有视觉，在二者同时观看物体的时候，这两个视觉就会重合，其重合区的中点就是焦距。焦距的作用很大，它能够与周边视觉（即两个视觉不重合的部分）相互配合，做放大、缩小、拉长、缩短距离，使双眼能够自如地看到自己想要看的物体。不过，在3岁以前，孩子的视力发育尚未成熟，虽然能够认识大部分的图形、颜色、文字，但视觉的清晰度仍远远不够；而刚出生的婴儿，更是只能看到强烈的光线、黑白等纯色颜色以及大色块，这并非因为婴儿视觉辨别力不足，而是因为婴儿两眼的焦距的成熟度不够，中心视力无法完全协调成一个影像。

不过，随着感觉统合的进一步加深，婴儿在出生1个月后就能够辨识红、黄、蓝三原色，3个月左右时就能识别中间色，对于光线的反应及辨识能力也会有相当大的提升，对于父母的表情也会有所反应。当孩子到了3～4岁后，焦距的稳定性有了明显的进步，他能够看一些比较小的字、稍复杂的线条或者其他图案，使视觉得到进一步的提高，逐渐发育成熟。

3.东张西望和爬行不可缺

颈部是大脑获取信息的重要通道，人体通过神经系统传送的讯息必须经过颈部才能到达大脑。此外，影响人类学习能力最大的前庭以及视觉系统也经由颈部，所以，感觉统合的发展也离不开颈部的发育，究其原因有以下两点：

第一，由于婴儿视觉焦距还不稳定，所以正前方的东西看不清楚，常被旁边的物体以及移动中的物体所吸引，这是3岁以前的孩子习惯东张西望的原因之一。虽然婴儿的视觉系统存在这样或那样的"漏洞"，但这种"漏洞"对于视觉发育能够起到非常重要的作用。

因为，在孩子的东张西望中，颈部的肌肉及神经系统得到很好的锻炼，有助于视觉、听觉肌肉以及神经系统的发育，还能够稳定视觉焦距，并提高听力能力。如果不注意锻炼孩子的颈部肌肉，就会造成视觉以及听觉肌肉和神经发育不成熟，从而影响焦距间隔的稳定性，在阅

读或者活动时，就会发生跳行、跳字、手眼错位等问题，眼睛也容易疲劳。

第二，孩子在爬行过程中，为了能够看清前方以及两旁，需要抬高及转动头部，有助于锻炼孩子的颈部肌肉，有助于颈部神经结构的完整发育。颈部结实了，对于行走时的脊椎、双腿均有良好的提升作用，并能够使各部分协调一致活动，避免摔跤或者磕磕碰碰。

由此可见，在婴儿的爬行阶段，颈部发育是发展平衡感及空间视觉的重要环节之一，是孩子成长过程中不可缺少的。

小链接

小洋洋从几个月起就由奶奶全权照顾，老人因为怕孩子磕着碰着，总是不给他学习爬行的机会。现在孩子1岁半了，不仅不会走路，而且视觉很难集中到一点，如对静止的物体不感兴趣、看书或者看图画的时候注意力很难集中等。

爬行是一个孩子成长中非常重要的阶段，小洋洋没有经过这一步，因而错失了很多锻炼能力的机会。其实改变这种状况并非很难，父母可以和孩子一起玩趴地推球的游戏，让孩子趴在地上，父母用球引导孩子去推或抓，只要能够使得孩子慢慢爬行，就能逐步达到目的。父母也可以带孩子在家或到训练中心进行针对性训练。

4.触觉提高儿童学习能力

由于触觉神经分布在全身各处，所以它是感觉统合中最复杂也是影响最大的一种能力。孩子在脱离母体的过程中，还没有睁开眼睛或者听到声音，身体四肢就已经感受到母体的挤压，这种挤压就是他所体验的第一次触觉，也是最刺激、最具有爆发力的触觉，它能够使全身感觉细胞以及感觉神经同时和大脑记忆区进行强而有力的互动，对孩子一生的感觉统合发展产生重要的影响。例如，没有受过挤压的剖腹产孩子会出现触觉防御性反应过度的行为问题，对于任何接触都会有明显的胆小退缩，哪怕再轻微的碰触也能产生强烈的反应，以致经常惊醒哭闹。

由此可见，触觉对于孩子的身心发展具有重要的作用。例如，经常晒晒太阳，感受阳光对皮肤的呵护；经常玩玩沙子，感受沙子带来的粗糙与湿凉；经常洗洗海浴，感受与平日洗澡不一样的触觉，会让孩子对这个世界充满好奇，对于视觉、听觉、嗅觉、味觉也有促进作用，提高孩子适应环境的能力，避免害羞、黏人、怕生、笨手笨脚、情绪不安以及发音不良等现象，让孩子更加开朗地面对外界。

5.听觉促进语音、语言的发展

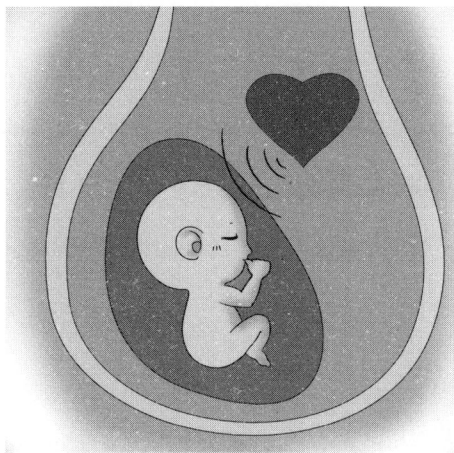

听觉属于潜意识的领域，它所获取的信息往往自动深入大脑的潜能记忆区，而无法像眼睛闭起来那样将外界信息阻隔于大脑之外，因此听觉对于孩子潜意识的影响非常大。

孩子的听觉能力起源于母体，当女性怀孕5个月之后，胎儿的听觉系统就已经开始发展，它透过子宫的薄壁，在一片寂静中倾听妈妈的心跳声以及血液的流动声音，这些声音对于胎儿来说是温暖、安全的象征，具有安心愉悦的功效，从而使听觉系统在无杂质干扰的情况下更好地发育，如果此时实行胎教，势必会对孩子的听觉能力起到积极的促进作用。

在母体分娩的时候，婴儿的头部会受到强烈的挤压，使大脑记忆区受到强大的冲击，记忆区立刻像插上电源的机器开始启动，音辨能力也因此产生，这对于日后孩子发音、学习语言起到重要的作用。

当婴儿出生后大约7个月音辨能力逐渐成熟，能够通过接收外界的讯息，并开始操作自己唇舌、声带、鼻音进行共鸣，我们平日经常听到宝宝"咿咿呀呀"的说话并不是无意义的，而是宝宝正在模仿亲人说话的样子、语调、发音，从而形成一套属于婴儿独有的语言体系，也是成人语言的前身。

可见，听觉对与孩子语音以及语言的发展有如此大的影响，父母在早期培养孩子的过程中，要充分利用孩子喜欢听的声音，引导他们对声音及环境关系的认知，对孩子长大后的倾听能力会有较大的帮助。例如，利用声音的大小、长短、高低、音源、动物声、自然声等增加孩子的分辨能力和对声音的敏锐度，像和孩子一起拍手、敲鼓、拍桌子等，使听觉得到一定的刺激。

当孩子成长到一定年龄之后，听觉又能起到新的作用。从孩子牙牙学语到逐渐熟练掌握语言，听觉会再此发挥重要的作用。例如，孩子在与他人对话时，表情、手势并不是吸引他注意的主要手段，起伏不定、长短不一、大小参差的声音才更具有沟通力。不管是从电视还是现实生活中，经常看到不同国籍的孩子使用不同的语言比比画画交谈很久，尽管他们并不懂彼此的语言，但一点都不影响他们对话的兴趣，因为从语音的交换中孩子得到了交谈的乐趣，这比费尽心思弄明白对方的意图更加轻松，在愉悦的交流中孩子会逐渐将一些重要的讯息通过耳朵存储到大脑的记忆区，以便随时"调取"使用。

6.嗅觉是潜在的智能基础

相对于听觉与视觉，孩子的嗅觉一开始就处于绝对优势的地位，在出生不久就能够分辨出各种气味，特别是对妈妈身上的气味最为敏感的孩子，在眼睛还未睁开时，基本上就是靠着嗅觉来辨识与自己最亲近的人。除此之外，嗅觉也是孩子寻找食物的工具，当婴儿准备吃奶时，他通常凭着嗅觉来寻找妈妈的乳头。曾经有人做过实验，在婴儿的两侧各放一块沾着乳汁的纱布，一块是婴儿自己妈妈的，另一块是其他人的，结果发现，大多数婴儿都能够准确地将头转向沾有自己妈妈乳汁的纱布，表示出急切的吃奶意愿，并在以后将这种意愿扩大为对各种事物的好奇心，从而培养出集中的注意力。

此外，嗅觉还是开发大脑的一把金钥匙。据脑神经专家的研究显示，嗅觉灵敏的孩子会提高脑部对气味的灵敏度，使大脑能够随着气味的波动进行运作，增加记忆区的反应力；相反，嗅觉反应迟钝孩子的大脑由于长期缺乏气味的刺激，会使大脑变得迟钝，并影响注意力和记忆力的发育。

7.味觉避开生活中的"陷阱"

味觉对人体能够起到保护的作用，其主要在于保证食物对人体是否有益。例如，肝脏疾病患者不宜食用油腻的食物，味觉能够帮助他判断某种食物是否太油腻，从而避免食用；又如，糖尿病患者不宜食用甜食，通过品尝某种食物，他能够确定这种食物是否符合自己的健康需求。由此可见，味觉对于孩子的成长起着"指南针"的作用。

不过，孩子的味觉功能并不是后天训练才能获得的，他自一出生就具备辨别味道的功能，在过了断奶期之后便能够品尝到各种食物，并利用味觉对各种食物形成自己的喜好。想要味觉不断发展，后天训练必不可少，这不仅关系到孩子能够形成完整的味觉体系，还是提高其生活质量的保证。味觉较差的孩子，容易出现不思饮食、食不知味等情况，甚至养成偏食、挑食等不良生活习惯，这对于日后身体发育与心理健康有着不良的影响，所以需要父母在生活中对此多加注意。

味觉教育需要相当的耐心和时间，要让孩子一口一口慢慢咀嚼，不仅有助于消化，还能够让孩子有充足的时间慢慢体验食物中的味道，使注意力得到提高，同时还能锻炼孩子大小肌肉及手眼的协调能力。应当注意的是，父母们对孩子吃饭不要管得太多，如制订"吃饭时不能说话""要快点吃""吃饭时要端坐"等，这样就会使孩子对吃饭产生反感，对食物的气味也会有抵触情绪，不利于味觉的发育。

8.前庭觉能协调动作平衡能力

前庭觉是最重要的感觉学习，我们必须要尊重身体的特点，否则会适得其反。都市化使孩子需要的摇篮没有了，活动空间小了，是平衡感教育最需要关注的事情。

前庭体系正好位于头部，在平衡感上处于"岌岌可危"的状态，所以人体只有与平衡体系保持密切的协调，大脑才能将视觉与听觉收集的讯息迅速转化为人体能够理解的电波，并将电波传达给四肢，使其做出应有的行动，这便是所谓的前庭平衡。

前庭平衡包括嗅觉平衡、听觉平衡、视觉平衡，还包括头部与颈部的所有活动以及大脑所获取的讯息与大脑功能区脑细胞的互动等，它是影响孩子成长和学习发展最重要的一种能力。如果前庭平衡失调，就会造成身体操作不稳定，使孩子形成好动不安的现象，多动的孩子基本上前庭觉的发展普遍不佳。

此外，前庭还包括几乎所有和语言、动作发展相关的器官，所以前庭觉不良还会影响孩子左右脑功能的分化，从而导致语言和动作能力的发展障碍。例如，孩子的头部通常比身体大，整个比例呈倒三角状态，所以在学习走路时不但要有高度的平衡能力，还要有成熟的协调能力，譬如眼睛看多远、手如何摆、脚如何抬，如果真的这样，使大小肌肉和其他身体感官产生良好的互动，在逐渐学会走路的同时养成注意力集中的习惯，并对第二层大脑感觉统合的语言能力、运动协调和左右脑均衡起到促进的作用，使孩子的语言能力和动作能力同时得到提高。

9.运动协调能力主导学习能力

所谓运动协调能力，就是指机体的各部分在一定的环境以及规定的时间内相互配合、协作，逐步按需要完成相关动作等的能力，它并非经过长期的深思熟虑，而是一种当下的反应，属于身体在一瞬间爆发的能力。对于孩子来说，这种瞬间爆发的能力主要体现在学习能力上。

例如，在学习走路时，孩子肢体的各部分肌肉和关节凭借着对周围人走路姿势、动作的记忆以及父母手把手的训练，逐渐掌握身体的灵活度，知道如何操作自己的身体，并将这种能力突然爆发出来。又如，学习语言的时候，孩子从不去记忆他讲过的话以及如何去讲，也不像成人一样将思考作为学习语言的重要手段，而是经常与人沟通，并将接收的信息不断反映给大脑，刺激大脑的语言中枢，使其形成一种"冲动"，并在适当的时间内将这种冲动付诸实践，这就是孩子牙牙学语的第一步。

掌握运动协调能力，能使孩子对环境有足够的认知，进而影响语言表达、数理思考、科学探索及人际关系的成长，对于运动与语言能力健全发展起着重要的作用。

10.左、右脑需要协调发展

人体的大脑分为左右两个，其中右脑专门负责观察、想象及创新，接受新的情景，掌握现在；左脑则是旧经验的积累，帮助我们理解过去。二者虽然在功能上有着明显的区别，但是对人体同样起着重要的作用。想要大脑发挥出更多的潜力，左右脑的发展必须协调一致，如果失衡便会影响人体的完整性。例如，左脑发达的人通常过于僵化、固执、紧张，右脑发达的人虽然具有非同一般的艺术天赋，但社会适应力和人际关系较差，在与他人相处时容易制造各种问题。不过，对于大部分人来说，左脑通常比右脑发达，因此很多天赋与特质都无法得到充分的利用，使原本丰富的创造性思维陷入僵硬之中。

　　很多父母为了培养孩子的创造性思维，往往通过刻意压抑左脑来强化右脑的功能，但其结果非但不能使右脑得到良好的成长，反而使大脑感觉讯息无法顺利整合，造成各种感官和神经体系的协调能力混乱，影响感觉统合，使左右大脑的成长受到挫折，进而影响学习能力。

　　因此，在培养孩子的大脑功能时，应当根据左右大脑发育的特点与时机而定，以便能够将各种感觉自然地统合为一体。

　　例如，孩子6~18个月期间，大脑右半球的语言区和运动协调区逐渐发展成熟，在这个阶段，父母就要开始对语言以及运动能力进行重点训练。

　　孩子在18个月之后，右脑处于高效率的学习时期，孩子能够开始发挥较积极的学习能力，如语言能力爆发，独立生活能力也在快速发展中，左脑在感觉经验及身体运作相互间的作用下，逐渐了解和积累经验，并发挥思考的能力，所以从18个月起，父母不仅要训练孩子的右脑，还要开始着手对孩子的左脑的训练。

　　孩子从36个月起，左脑功能已经有了明显的基础，孩子也渐渐有了自己的个性、意见和习惯，但是，并不意味着此时可以忽略右脑的教育而将注意力集中在左脑上。虽然左脑功能增加了，若没有与右脑取得平衡的话，反而限制了孩子的学习发展，因此，这个阶段的教育一定要采用"双面夹击"的方法：刺激右脑培养注意力，利用专注的注意力辅助孩子学习左脑的各个功能（逻辑、组织、理解、推论等），使孩子的认知得到良好的发展。

　　由此可见，左右脑交替成长是种自然现象，不应通过抑制某一个的发育去助另一个成长，而应相辅相成、均衡发展，使孩子的生活常规、语言组织、数理逻辑和人际关系都快速成长。

总之，感觉统合理论对于孩子的身心发展极为有利，它能够解释孩子在生活以及学习中所产生的各种困难，也能够帮助父母了解到孩子某些行为背后的因素，即孩子的问题不是"不愿做"，而是"做不到"；不是"不肯"，而是"不能"。当父母找出孩子学习中出现的弊因之后，就可以"对症"教育，使孩子的身心得到和谐的发展，为今后打下良好的基础。

第二章

感觉统合失调表现及其治疗

儿童的身心、智力的发展受多种因素的影响，不可能每个孩子都一样，有些孩子的身上还可能有一些异常表现，这其中很大一部分可能是因为孩子的感觉统合失调。

什么是感觉统合失调及其原因

所谓感觉统合失调，就是指在孩子的成长过程中，前庭器官、皮肤触觉、肌肉运动觉与视听觉所传来的信息无法被中枢神经系统进行有效的统合协调，从而使大脑对身体各器官失去了控制和组合的能力，并在不同程度上削弱人的认知能力与适应能力，从而造成行为和学习上的诸多障碍，推迟人的社会化进程。例如，很多父母常为孩子注意力不集中、多动、学习成绩差、做作业拖拉、缺乏自信等现象而头疼，但通过打骂、劝说等收效甚微。其实，孩子的这些异常表现常常是因为感觉统合失调所致，通过良好的感觉统合训练即可得到恢复。那么，为什么孩子会出现感觉统合失调，又是什么原因引起的呢?

1.人类脑发育特征因素

人脑与其他动物大脑最大的区别在于，人脑的发育具有持续性，即刚出生时大脑的开发率仅有23%，但是随着人体的不断成长，大脑的开发率也逐渐得到提高，发育逐渐成熟，能够获取更多的讯息，使学习能力不断增强。例如，在婴儿时期，孩子仅能分辨出简单的单音节以及音调的变化，当大脑中的听觉系统渐趋发育成熟后，他不仅能够听懂复杂的语音、语言，还可以通过学习听懂外语，这种能力即使再高级的灵长类动物也很难习得。由此可见，大脑具有非常强大的可塑性，它为人类适应环境提供了非常广阔的天地。

　　不过，这种可塑性并非自然形成，而是必须通过不断刺激。如在母体中，胎儿通过体位变动使触觉、前庭平衡能力得到发展；分娩的过程中，母体的产道对胎儿的头部、躯体造成挤压，从而使大脑产生对各种感觉强烈的印象；在出生之后，孩子通过听、说、看、味、闻、触等感官刺激神经元-神经元不断相互影响、相互统合，并被大脑接收以及处理。经过大脑加工的感官信息还能够产生更多的联结，使儿童的学习潜能不断扩大。但是，如果给予大脑的刺激不够，各种感觉之间的某一环节就会出现"交通中断"，使感觉统合中出现"真空地带"，相互之间的联结就会变弱或者消失，使孩子出现某一方面特别强、但另一方面非常弱的失衡状态，无法顺利完成正常的学习和动作，并影响学习潜力的发挥。

　　2.孕产期影响

　　胎儿在孕产期受的影响最大，往往造成难以愈合的伤害，形成先天性感觉统合失调，例如：

　　（1）高龄怀孕，卵子的功能较差，会造成胎儿大脑神经发育受阻。

（2）胎位不正、妊娠高血压综合征等产生固有平衡失常，易引起孩子产后感觉统合失调。

（3）早产儿（怀孕37周前分娩）的各个器官、身体的各个系统都没有发育成熟，这也是先天性感觉统合失调的一个因素。

（4）怀孕初期严重呕吐、偏食、早产，造成孩子先天营养不良。

（5）怀孕时服用对胎儿有害的药物或者情绪不稳定，时常处于过度兴奋或者悲伤的情绪。

（6）先兆流产，有可能引起中枢神经系统不健全，如发育迟缓、轻度大脑功能失常。

（7）很多怀孕期的父母习惯抽烟、喝酒、喝浓咖啡及浓茶等刺激物，烟酒、浓茶、咖啡等刺激物，会引起脐带毛细血管的萎缩，影响营养的摄入，影响孩子大脑神经的发育，造成触觉不佳，使婴儿一出生就造成先天性感觉统合失调。

（8）在怀孕期间，一些有害气体、噪音、电器辐射等不良因素会影响胎儿的大脑发育，并可致胎儿产生先天性疾病，导致后天感觉统合失调。

（9）现代孕妇，特别是职业妇女型的孕妇，从怀孕一开始，就会遇到很多问题和困难，例如，小家庭人口少，家务相对较多，怀孕的妈妈几乎得不到足够的休息，再加上职业妇女工作忙碌紧张、心理压力大、运动不足，都会影响胎位的变动，进而影响孩子将来的平衡能力的学习。

（10）正常产道的挤压可以使孩子建立触觉功能、有利于四肢协调，但剖腹产、电吸引等生产方式使婴儿缺乏正常产道挤压的激烈冲击，直接影响孩子触觉功能的建立和四肢协调，也会使前庭功能发育受到影响。

3.抚养、教育不当

听觉、嗅觉、视觉、味觉等感官是孩子认识外界事物的主要途径，如果在后天的抚养或者教育中忽视了对这些感官的训练，就会造成感觉统合失调，下面就具体解释一下。

（1）孩子在生长过程中，由于头部出现外伤或者患高烧、脑炎等疾病，如果没有得到及时的治疗和良好的护理，就会造成大脑发育缺陷，导致孩子的感觉统合失调。

（2）孩子偏食或者消化系统低下，易导致营养失调，使身体缺乏成长必需的钙、锌、碘等微量元素和维生素A、维生素D等，这些营养成分的缺失均会影响孩子的正常发育，造成大脑细胞的发育障碍，造成感觉统合失调。

（3）孩子经常处在辐射较大、含有有害物质的环境中，这些物质会毒害孩子的神经系统，造成孩子感觉统合不良。

（4）在孩子还不会走路、爬行的时候，父母很少抱孩子，使其缺少必要的触觉、运动觉，造成感觉统合失调。

（5）父母过分保护孩子，如害怕孩子受到磕碰或者摔伤，没有及时教他学习爬行或者走路，导致日后四肢、视觉、听觉与大脑出现不协调，不仅影响孩子的运动能力，对于孩子身体的发育以及智力的发展也会产生阻碍。

（6）孩子一哭，父母就呵斥，使其口腔肌肉以及心肺功能由于缺少锻炼，可能会造成孩子的语言表达能力差，学说话较晚或者口齿不清楚；心肺功能弱，会造成运动素质差，使平衡感无法得到充分的练习，也会导致感觉统合失调。

（7）独生子女缺乏玩伴，有的父母对孩子会有保护过度或者过于娇惯的情况，不愿意让孩子与其他小朋友接触，结果使孩子失去了与其他人交往时必要的肢体接触、语言沟通、模仿学习的机会。长期的孤僻还容易使孩子心理产生紊乱，表现为胆小受惊、退缩、爱哭，有的孩子不懂得与他人分享食物与玩具，养成孤傲任性的性格。这些孩子的依赖性很强，独立生活能力却很差，一旦遇到什么变故很容易造成心理失衡，而心理失衡会严重削弱人的感觉统合能力。

（8）父母不许孩子出门玩，孩子只能长期待在室内，热了有空调、冷了有暖气，使孩子无法感受到大自然的寒、暑、晴、雨、风，无法感受到流汗的感觉，这对于孩子的触觉发育伤害极大。

（9）在日常生活中，父母包办了一切家务活，就连穿衣也要帮孩子做，这种做法实际上严重削弱了孩子的动手能力，因为像扫地、擦桌子、穿衣服等事情虽然比较简单，但是可以培养孩子手眼协调能力、与各种事物接触的机会以及自行安排劳作顺序的条理性能力，"剥夺"了孩子必要的劳作就等于剥夺了孩子成长的权利。

（10）违背孩子的生长发育规律，过早地进行早期认知教育或者进行偏向性认知教育，会使孩子的感觉统合出现缺口。例如，重视孩子视听觉的训练，对孩子其他部位的感觉如嗅觉、味觉、皮肤觉、平衡觉、运动觉的训练与刺激相应不足或较少；牺牲了孩子的游戏时间，过早地开始了美术、英语等科目的学习，使孩子应有的兴趣得到了扼杀或无情的压制，加重了孩子的心理负担，在这种情况下感觉统合系统怎么会不失调？

感觉统合失调的诊断

判断孩子是否出现感觉统合失调的方法有很多种，父母可以通过观察孩子的日常行为来加以判断，注意辨别孩子行为上的微妙差别。具体来说，可以从以下几个方面进行观察：

1.对感觉及感觉神经组织的观察判断

主要观察孩子的视觉、听觉、触觉、味觉、前庭觉等感觉刺激的反应。

（1）触觉观察：触觉防御过当的孩子不愿与人接触，拒绝人多或陌生的场合；触觉反应迟钝者对疼痛反应差，冷热辨识能力不足。这两种现象可能会发生在同一个孩子身上。例如，孩子不小心碰到热水，身体能够迅速做出反应，远离热源，尽最大可能减少对身体的伤害。又如，孩子在与他人的接触中，能够平和面对他人对自己的抚摩，不会出现全身紧张、情绪焦躁等情况。

（2）前庭感觉观察：前庭感觉失调的孩子多出现以下两种表现：反

应过强或反应过于迟钝。如反应迟钝的孩子在乘坐疯狂过山车或者旋转设施的时候，即使摇晃或者旋转非常强烈且身边没人陪伴，也不会感到晕眩，不会害怕；而反应过强的孩子，不仅在悬吊的游乐设施上会晕头转向，即使看着别人旋转也会头晕。判断孩子前庭感觉是否失调还有一种方法：试让孩子走直线，如果前庭失调，不管是反应强还是反应弱都无法走直线，呈现出忽左忽右且步履蹒跚的步态。

（3）味觉和嗅觉观察：味觉和嗅觉失调的孩子在闻到某种味道后，或出现头痛、恶心、晕眩等不良现象，或者特别喜欢这种气味。最简单的判断方式是观察孩子对苦味、辣味食品的接受度，如果孩子排斥或特别喜欢是很正常的；如果只有淡淡的苦味或者辣味，孩子也极端排斥、呕吐，则属味觉不良，日后会有可能出现偏食、挑食、厌食等问题。

（4）视觉观察：对视觉失调的诊断可从孩子对形象的认知能力着手，父母可以将一些玩具娃娃或者与生活用品有关的玩具用游戏的形式来"考验"孩子的认知能力。父母可以选择几样物品让孩子认识，然后将选中的物品拿走一个，让孩子说出哪种物品不见了。经过反复的训练，如果孩子还是不能准确或者比较准确地说出缺少的物品，则视觉感可能存在缺陷。除此之外，孩子对光线反应的敏感度及对形状、位置、方向的辨认能力，包括双眼焦距是否协调、涂鸦能力如何也都能看出手眼协调能力是否成熟。

（5）听觉观察：父母可利用声音大小、方向和距离来判断孩子的听觉感。例如，与孩子保持一个正常的距离，然后用正常偏小一点的声音对孩子说话，并令其复述说话的内容，说话的内容可长可短，一般根据孩子的具体年龄来定。通过复述内容，第一，可以观察孩子对声音的敏感性；第二，可以了解他对语言的掌握程度、如何用语言表达正确的意义以及语言的记诵能力，这均是听觉感的重要组成部分。

（6）本体感观察：通过观察孩子对自己的"身体地图"是否熟悉来判断其本体感是否平衡。例如，本体感平衡的孩子，即使不用对着镜子也能够准确地指出自己的眼睛、鼻子、嘴巴、耳朵的准确位置；相反，如果本体感失衡，孩子就无法对此迅速作出反应，而且还表现得笨手笨脚、犹豫不决。

2.对肌肉反射运作状态的观察判断

主要观察孩子在不同姿势时的肌肉紧张程度，不随意运动（为随意肌不自主收缩而发生的一系列无目的的异常运动）包括身体协调、非对称性紧张性颈反射等。

（1）观察颈部的撑力：孩子在趴着时，如果颈部撑力较强，头部就能够抬起并维持较长时间；如果头部无法抬起或者抬起时间很短，则颈部撑力不足，长期低头会影响大脑中枢神经体系的发展。

（2）观察身体肌肉松紧性：肌肉的松紧性与肢体的动作需要协调一致，如果孩子在坐着的时候身体肌肉适当紧缩，则能够保持挺胸抬头的端正坐姿；如果肌肉松紧性较低，则骨骼和关节由于没有有力的支撑物，则会变得驼背含胸，坐如烂泥；如果肌肉的松紧性太高，则会出现全身僵硬、反应迟钝。这些反应同样可以用于孩子运动时。

（3）观察关节与肌肉的协调度：关节的屈伸需要较好的稳固性，如果孩子在屈肘或者屈膝的时候无法站稳，则说明关节与肌肉的协调性出现偏差，可能会影响日后的运动能力。

（4）观察头部反射能力：身体就像一艘大船，头部、四肢等就是船头，当罗盘向哪儿转动时，船头就会随之做出方向调节，孩子也是如此。通常情况下，孩子在出生后6个月就有自我控制能力，在爬行时当具有罗盘作用的颈部移动时，头部就会第一时间接收到信息，并将信息下发到身体的各部位，使关节受到刺激，立刻作出必要的反应，这是人类最原始的反射能力之一，如果这种控制能力不良，就会影响全身的运动机能。

（5）观察不随意运动的掌握度：父母可以让孩子闭上眼睛，弯折手指唱歌；或从一数到十，再扳开手指数到二十；或做吐舌头、卷舌头等动作；或只观察孩子唱歌或数数时手指的反应动作；也可以从孩子握笔画线的用力状况来观察。一般情况下，不随意运动成熟度高，则身体灵活，动作协调度好，会做有计划的运动。

3.对孩子肢体动作反应状态的观察

（1）观察孩子直立站姿的反应：让孩子做一般站立姿势，头和身体保持直立，再轻推孩子，令其身体倾斜，观察孩子能否保持身体平衡而不会跌倒。例如，孩子身体右倾时，头部也会自然右倾，即表示孩子平衡感的成熟度高。

（2）观察孩子保护性伸展反应能力：人在跌倒的一刹那，手、脚会自然伸出来保护头部，这便是保护性伸展反应能力。通常孩子在出生6个月前后这种反应能力逐渐成长，并且将持续一生。如果孩子保护性伸展反应能力较差，就很容易受伤，并常常伴有平衡感反应不佳。

（3）观察孩子抗衡地心引力的姿势保持能力：孩子3岁左右便会控制自己的身体，保持以胸部支撑地面，头、手、脚同时抬高的姿势；或者以背部支撑地面,手脚向上,身体弯成弓形的姿势。6岁左右的孩子可持续头、手、脚上举的动作并保持平衡达30秒。

(4)观察孩子的运动企划能力:在做从未做过的动作时,大脑会从过去的记忆中搜索相关的动作,并用这些相关记忆企划整合成一套实施方法及步骤,并依这种秩序来执行,从而完成一个整体动作。如果孩子无法完成相关的动作,则说明肢体的运动企划能力不强。

4.对孩子运动行为的整体观察

(1)观察身体双侧协调能力:人类的精巧动作大都需要双手共同完成,所以双手协调使用非常重要。如果身体两侧不协调,手的灵活度必然不佳,一只手无法配合另一只手做出附属动作,就不可能完成精细动作。

(2)观察身体中线交叉运动能力和惯用手的成熟度:身体的中线就是指从眉心沿着鼻梁向下延伸的直线,中心线交叉运动就是用左手或者右手做相同的动作,观察哪只手的灵活性最好,如让孩子用左手去摸右耳、用右手摸左耳。通常情况下,习惯使用右手的孩子,左手比较迟钝,右半身比较灵活,左半脑相对发达;习惯使用左手的孩子,右手比较迟钝,左半身较灵活,右半脑相对发达。当然,除了个别孩子外,大多数人都只有一只手较为灵活,如果孩子到了3岁仍未建立惯用手,就可能使左右脑在发展上呈现机能性反应不足的现象。

当然,这些行为观察只是大体的判断,准确的诊断需要标准化的评定量表——"0~6岁孩子感觉统合能力发展评定量表"。该量表主要包括前庭失衡、触觉功能不良、本体感失调、学习能力发展不足、压力情绪控制力弱等方面的问题。

0～6岁孩子感觉统合能力发展评定量表

序号	孩子症状表现	选择评分				
		从不	极少	偶尔	常常	总是
一	前庭平衡问题					
1	特别爱玩旋转圆凳，玩公园里的旋转地球和飞转设施时不觉晕。					
2	喜欢旋转或绕圈子跑，而且不晕不累。					
3	虽然看得见，但仍常碰撞桌椅、旁人、柱子、门墙，距离感差。					
4	行动、吃饭、敲鼓、画画时双手协调不良，常忘了另一边。					
5	手脚笨拙、容易跌倒，不会用手支撑保护，拉他时显得笨重。					
6	俯卧地板和床上时，无法把头、颈、胸、手脚抬高。					
7	不安地乱动，爬上爬下、东摸西扯，不听劝阻，处罚无效。					
8	喜欢惹人、捣蛋、恶作剧。					
9	经常自言自语，重复别人的话，并且喜欢背诵广告语。					
10	表面左撇子，其实左右手都用，且尚未固定偏好使用哪一只手。					
11	看书眼睛会累，却可以长时间看电视。					
12	喜欢听故事，不喜欢看书，听的容易记住，看的却容易忘记。					
13	分不清左右，鞋子衣服常常穿反。					
14	对陌生地方的电梯或楼梯，不敢坐或动作缓慢。					
15	不能走直线或固定曲线。					
16	不能做回旋运动，身体稍有倾斜即摔倒。					
17	眼睛回旋转动低于5秒，或超过30秒。					
18	经常弄乱东西，不喜欢整理自己的环境。					
分数小计		共　　分				

续表

序号	孩子症状表现	选择评分				
		从不	极少	偶尔	常常	总是
二	触觉功能问题					
19	偏食、挑食，不吃青菜或软皮类食物。					
20	害羞，见陌生人会不安、紧张、躲避、捻衣角，口吃说不出话。					
21	容易黏妈妈或固定某人，不喜欢陌生环境。					
22	看电视或听故事，容易激动，大叫或大笑，害怕恐怖镜头。					
23	严重怕黑，不喜欢待在空屋，到处要人陪。					
24	早上赖床，晚上睡不着，常拒绝到学校，放学后又不想回家。					
25	容易生小病，生病后便不想上学，常常没有原因地拒绝上学。					
26	常吸吮手指或咬指甲，不喜欢别人帮忙剪指甲。					
27	睡觉时总爱触摸被角、抱衣物或玩具，否则会不安或睡不好。					
28	换床睡不着，不能换被或睡衣，外出常担心睡眠问题。					
29	独占性强，别人碰他的东西，常会无缘无故地发脾气。					
30	不喜欢和别人聊天、玩碰触游戏，视洗脸和洗澡为痛苦。					
31	不喜欢别人碰他的头，害怕洗头或理发。					
32	过分保护自己的东西，尤其讨厌别人从后面接近他。					
33	怕玩沙土，有洁癖倾向。					
34	到处碰、触、摸不停，但又避免触、碰毛毯和编织玩具的表面。					
35	对某些布料很敏感，不喜欢某些布料所做的衣服。					
36	不喜欢直接视觉接触，经常必须用手来表达其需要。					
37	帮他拉袖口或协助穿衣服时，触碰到他皮肤时会引起他的反感。					

续表

序号	孩子症状表现	选择评分				
		从不	极少	偶尔	常常	总是
38	对危险、疼痛、冷热反应迟钝。					
39	听而不见，过分安静，表情冷漠又无故嬉笑。					
40	对无所谓的瘀伤、小肿块、小刀伤等，总觉得痛而诉怨不止。					
41	常常喜欢穿宽松的长袖衣衫，不冷也常喜欢穿毛线衫或夹克。					
42	喜欢孤独，不爱和别人玩，或坚持自己奇怪的玩法。					
43	顽固偏执，难配合，坚持依自己的方式做事，没有灵活性。					
44	喜欢咬人，并且常咬固定的友伴，并无故碰坏东西。					
45	对亲人暴躁，常常为琐事无故发脾气，遇事会强词夺理。					
46	害怕到新场合，常常不久便要求离开。					
47	喜欢往亲人的身上挨靠或搂抱，像被宠坏或被溺爱的孩子。					
48	别人触摸时，不能说出身体的部位，不能说出身体器官所处位置。					
49	不能在闭眼或黑暗中指出所处方位或摸到身体指令部位。					
50	内向，软弱，爱哭又常会触摸生殖器官。					
分数小计		共　　分				
三	本体感失调情况					
51	不喜欢把头脚倒置，如不喜欢打滚、翻跟头或荡秋千。					
52	不会自己洗手、擦脸、擦屁股、洗澡。					
53	不会拿笔，不会使用剪刀学剪纸。					
54	对小伤特别敏感，过度依赖他人照料。					
55	不善于玩积木，组合东西，排队，投球。					
56	怕高，不会骑上、爬下，登高不敢看别处或走动，拒走平衡木。					

续表

序号	孩子症状表现	选择评分				
		从不	极少	偶尔	常常	总是
57	上下阶梯或过马路多迟疑。					
58	不喜欢在凸起的地面上走，总会抱怨或心中感到太高。					
59	到新的陌生环境很容易迷失方向，不肯钻进大玩具里。					
60	旋转时容易感到失去平衡；车行进中转弯太快时也会被吓坏。					
61	使用工具能力差，对劳作或家务事均做不好。					
62	被抱起举高时很焦虑，经可信赖人的帮助会安心配合。					
63	穿脱衣裤，系衣扣，拉拉链，系鞋带动作缓慢、笨拙。					
64	顽固，偏执，不合群，孤僻。					
65	对游乐设施不感兴趣，不喜欢玩移动性的游乐设施。					
66	不会使用筷子，一直用汤勺吃饭，常掉饭粒，口水控制不住。					
67	语言不清，发音不佳，语言能力发展缓慢。					
68	动作懒散，行动迟缓，做事效率低。					
69	仰卧或俯卧时，无法将头部抬高。					
70	不能平衡久坐，身体容易倾倒。					
71	不会攀绳网，单脚跳绳、双脚跳绳等都做不好也学不好。					
分数小计		共 分				
四	学习能力问题					
72	看起来正常、健康，有正常智慧，但学习或阅读特别困难。					
73	阅读常跳字，抄写常漏字、漏行，写字笔画常颠倒。					
74	注意力分散，不专心，坐不住，小动作多，上课常左顾右盼。					
75	用蜡笔着色或写字不好，写字慢而且常超出格子外。					

续表

序号	孩子症状表现	选择评分				
		从不	极少	偶尔	常常	总是
76	看书容易眼酸，特别害怕数学。					
77	认字能力虽好，却不知其意义，而且无法组成较长的语句。					
78	混淆背景中的特殊图形，不易看出或认出。					
79	对老师的要求及作业无法有效完成，常有挫折感。					
80	语音不清晰，组词造句、编讲故事有困难。					
81	拼图总比别人差，对模型或图样的异同辨别常有困难。					
分数小计		共 分				
五	压力、情绪控制力情况					
82	对事情反应过强，无法控制情绪，容易消极。					
83	成绩跌落，神态恍惚，读书注意力不集中。					
84	常因小事而哭闹。易受不良情绪干扰，持续时间较长。					
85	脾气暴躁，自制能力差。					
86	对学习要求或环境压力，常承受不了，易产生挫折感。					
87	对自己的形象不满意，产生情绪和行为问题。					
分数小计		共 分				
分数合计		共 分				

"0~6岁孩子感觉统合能力发展评定量表"的评分最好由父母填写，各条目表现按程度不同计不同的分数，进行分级评定，"从不这样"计5分、"极少这样"计4分、"偶尔如此"计3分、"常常如此"计2分、"总是如此"计1分，最后汇总分数。

说明：判断结果时，根据儿童的年龄将原始分换算成标准分进行评定。父母通过对孩子的评定，计算出原始分（即各条目得分之和），再换算成标准分进行评定。例如，某5岁儿童前庭失衡原始分为47，则标准分小于20，说明可能存在重度前庭失衡现象。

0～6岁孩子感觉统合能力评定原始分与标准分的换算表

标准分	原始分			
	前庭失衡	触觉防御	本体感失调	学习能力不足
10	40	55	30	13
20	50	65	40	18
30	60	75	50	23
40	70	85	60	29
50	80	95	70	33

一般来说，标准分小于40者说明存在感觉统合失调现象；标准分在30～40为轻度；20～30为中度；20分以下为重度。

儿童感觉统合失调预防

感觉统合失调一般发生在3～12岁的孩子身上，但是经无数实践证

明，越早发现、越早纠正对孩子的成长越有利，如果错过了纠正和调整的时机，将永远无法弥补。所以，父母在孩子成长的过程中，要多留意观察，一旦发现孩子有感觉统合失调的行为表现，就必须带孩子到相关机构检查测试，了解其感觉统合失调的程度，然后据此制订训练方案，借助各种训练活动来改善孩子的感觉统合失调状况，提高孩子的感觉统合能力。

当然，和其他疾病一样，再好的治疗也不如预防，只要消除导致感觉统合失调产生的原因，就可以使感觉统合问题得到解决。所以，父母在孩子的早期发育成长中，要付出更多时间，给予孩子更多的关注，才能在孩子的早期教育中发挥更大作用。

对感觉统合失调的预防主要包括以下方面：

1.孕期保健

预防首先要从孕期保健做起，准妈妈在孕期生活一定要有规律，如果怀孕的女性总是加班加点工作，使身心始终处于紧张的状态，就会对胎儿造成不利影响。

围产期的保健也十分重要，同时尽可能地选择自然分娩的方式，因为剖腹产出生的孩子没有经过产道的挤压，很容易对触觉的强弱分辨不清，所以其感觉统合失调的比例比自然分娩孩子出现感觉统合失调的比例高一倍。

2.适当的抚育和教育

孩子感觉统合失调不仅是孕产期所引起的问题，也可能是由于后天抚养不当所致，所以孩子出生后，父母要给予更多的关注，并带他多参加各种活动，多陪孩子做游戏，多与孩子交流，才能防患于未然，让感觉统合失调不在自己的孩子身上发生。

例如，有些住高楼的孩子往往难得下楼活动，出现感觉统合失调的比例就比较高；也有的孩子习惯于玩电动类玩具，与传统的玩具相比，他们手指等部位的精细动作锻炼得较少，也容易发生感觉统合失调；还有的孩子没有经过爬行的阶段，就直接进入走、跑的阶段，躯干、四肢及左右脑的协调能力没有得到充分锻炼，也容易出现感觉统合失调。

对于上述情况，要是父母们能够及时认识到事情的严重性，能够在孩子的教育抚养方面加以注意和训练，如多带孩子走出楼房玩耍，给予孩子更多的亲密抚摸交流，就能够减少感觉统合失调的发生。总之，要让孩子多参加各种运动，勤动手、动脑，加强精细动作的锻炼。

另外，还要重视感觉统合失调孩子的心理护理。感觉统合失调的孩子在接收外界信息方面确实存在一定的障碍，但他们的内心也是十分敏感的，他们需要父母的帮助和一定量的感觉统合训练来提高感觉统合能力。所以，父母不要把孩子学习技能障碍误以为是粗心大意，总是对孩子恶声恶气或满脸怨气，要对孩子的一些异常行为有所警觉，并通过专业人员的鉴定了解孩子的真实情况，还可寻求专业人员的帮助进行训练。

3.进行有针对性的训练

当然，对于年轻父母而言，如何促进孩子感觉统合能力协调发展，仍是一个值得重视的问题，因为孩子在6岁以前就像一块橡皮泥，虽然脆弱，但可塑性很强，父母应当把握时机，对孩子进行有针对性的训练，使这块"橡皮泥"逐渐变得柔韧而富有弹性，充分发掘他的脑功能优势，改进短处，终会受益终生。

　　如果孩子已经出现感觉统合失调问题，父母也不必为此忧心忡忡，感觉统合失调一般都是功能性的，经过训练就能够得到纠正，因此父母要有耐心帮助孩子，并保证一定数量和时间的感觉统合训练。在家里，父母可开展一些初步的练习，如教孩子拍皮球、跳绳，或者让孩子沿着地板的缝隙笔直地走，做平衡动作；在幼儿园或者学校里，老师可以通过集体活动来巩固练习。

　　除了针对身体的练习，有些感觉统合失调的孩子还有注意力不集中的现象，周围一丁点儿的响声也会使他分心。因此，父母除了进行身体锻炼，对孩子的注意力也要进行训练，耐心地帮助、训练孩子逐步延长集中注意力的时间。在规定时间内孩子如果再次出现分心的现象，父母要及时提醒，以防其进一步发展成坏习惯。

第三章

感觉统合训练的基本知识

感觉统合训练能够赋予孩子视觉、听觉、触觉、前庭觉等多种刺激，使这些感觉得到统一协调的发展，并与孩子的生活和学习相结合，使孩子的身心都能够健康成长。

什么是感觉统合训练及其特点

感觉统合训练是通过一些器械或者玩具，配上精心设计的活动刺激，让孩子在游戏中体验以前没有或缺少感觉刺激和特殊感受，以改善孩子对该感觉的加工组织能力，使孩子很好地统合、分析、判断、处理这些感觉，并作出适应性反应，从而使大脑功能由此完善，矫正失调孩子的神经系统的不协调现象。

在美国、欧洲各国、日本等发达国家和我国台湾地区，孩子感觉统合训练已经非常普遍，几乎每所小学校都设有感觉统合训练室，并取得了很好的效果。感觉统合训练适用的年龄层很广，从0~13岁的不管是正常的孩子还是学习困难或者行为异常的孩子都可以接受训练，而且都会有不同程度的促进与改善。

由此可见，既然感觉统合训练有那么大的魔力，那么，感觉统合训练具体有哪些优点呢？

1.有利于感觉统合功能开发

在儿童身心发展的过程中，感觉并不是从一开始就"聚集"在一起，而是由分散的单纯的各种感觉发展到初级的感觉统合（如知觉），然后再进一步发展到高级的感觉统合（注意力集中、自我控制能力强等），从而提高孩子的注意力、记忆力、语言能力、自我控制能力、组织能力、概括和推理能力等，使各方面都得到协调的发展。

感觉统合训练并不像专业技能那样带给孩子立竿见影的效果，却能为日后的学习奠定坚实的基础，成为孩子可持续发展教育的最有力动力，并在促进孩子大脑发育、开发孩子素质潜能的过程中发挥独特的作用。例如，玩堆沙子游戏、用毛巾经常给孩子擦身体、将孩子放在两个大棉垫中轻轻挤压等可促进触觉功能的发育；走平衡台、抱着孩子旋转等可促进前庭功能的发育；抛接球类、拼插图主要促进视觉运动功能的发展。

2.以方便教育的游戏方式进行寓教于乐

感觉统合训练不是直接重复教学、强化学习，而是避开单纯的教学、学习等枯燥的练习，采用游戏或者与学习相结合的方式，并利用各种道具（除了学习用品外还有玩具等）充分挖掘各感觉统合器械的教育功能，让孩子在玩耍的过程中感到快乐，满足孩子多方面发展的需要，激发孩子的兴趣，以更多热情去参与，以积极的情绪来学习，从而更有利于促进感觉运动功能的开发与学习。

感觉统合训练的原则

感觉统合训练并不是一项简单的游戏或体育活动，而是一种科学的训练方法，在运用中，要根据实际情况遵循一定的原则。

1.从实际情况出发，训练因人而异

感觉统合训练并不是一种"大杂烩"，它需要根据孩子的感觉统合发展水平或者失调类型，有针对性地进行训练。在进行训练时，要根据孩子的年龄、性格、身体状况、喜好等实际情况，制订出相应的训练方法，才能更好地要求孩子、激励孩子。

在训练的过程中，父母也应当根据孩子的具体表现，如生理和心理状况、当日的运动量等随时进行调整。例如，在刚开始训练时，有的孩子对于训练的态度比较放松，身体和四肢的协调配合得较好；但是，有的孩子特别容易紧张，无论是做简单的运动还是复杂的运动都不能保持身体平稳，甚至还会出现头部与手脚之间的动作发生偏差的情况。

因此，父母在进行感觉统合训练时，要随时调整训练的内容，内容

过于复杂会伤害孩子的积极性；内容过于简单，则无法引起他们的兴趣，使他们的感觉统合更协调、更完善。

2.自动自发，循序渐进

无论是学习还是游戏，对于孩子来说最禁忌地莫过于被强迫做某事，只有让他们自动自发地进行训练才能取得一定的效果。所以，父母千万不要认为不用教学而用游戏的方法就一定能够让孩子快乐接受训练，而是要弄清楚孩子的兴趣所在，然后根据他们的兴趣制订方案，使其能够自动自发融入训练当中。在训练中，训练者要时时刻刻记住让孩子感到快乐而不是压力，因此，训练所使用的布景或者道具要丰富多彩、富有童趣，要能够与孩子产生共鸣，而且简单中不失精巧，便于孩子使用。只有这样，才能够让看似简单的活动发挥感觉统合的重要作用。

在进行感觉统合训练过程中，还应当注意循序渐进，毕竟感觉统合不是一天完成的，而且已经出现的问题比较复杂，如果一开始就采取高强度的训练，很容易使孩子产生抵触心理，在进行一两次练习后就开始敷衍了事甚至拒绝参与。因此，父母在制订训练计划时，一定要将训练与游戏结合在一起，且刚开始不要过于复杂，一些入门的初级训练能够调动孩子的积极性，在他们已经适应感觉统合训练之后再逐渐增加强度，会达到事半功倍的效果。

3.尊重孩子，培养成就感

作为感觉统合训练的主角，孩子才是训练的中心，训练者一定要摆正自己的心态，不能粗暴地指使孩子做这做那，或者在孩子做得不好时大声呵斥，而是要尊重孩子。尊重孩子并不是指一切要以孩子为中心，而是要尊重他们对于感觉刺激的需要和选择，并在训练时适当地给予帮助，使孩子能作出适应性的反应。

所谓帮助，就是培养孩子完成训练的兴趣。在刚开始接触感觉统合训练时，孩子通常会被这种从未经历过的事情感到非常好奇，所以在言语或者行动上都没有完全按照制订的方案进行，此时父母千万不能打击孩子探索的信心，而是用积极正面的赞扬、赞美、肯定的目光鼓励孩子，分享孩子成功的喜悦。例如，当孩子对某个环节表示太难而不想做时，训练者就应当用"你已经做出了一大半，而且做得很好，为什么不将另一半也做完呢"等语句化解，使孩子逐步认可自己的能力，增强自信心。

又如，训练者可以亲身传教，以比赛的形式与孩子一同投入训练中，但不要用命令式的口吻如"你一定要做得最好""做就要做正确"等语句来刺激孩子，而应说"来，咱们比赛，看谁能坚持的时间最长"等诸如此类的话，这样就可以激起孩子的积极性，并使其认为与父母比赛是一种长大的表现，从而产生一种被尊重的感觉。

在训练中，训练者还要注意语言的技巧，例如，孩子如果问道："我做得好不好？"大人就应当回答："做得不错，要是将胳膊伸得再直一些就好了。"而不是"瞧你胳膊怎么总是伸不直！"面对第一种回答，孩子会更加努力将胳膊伸直，而对于第二种回答的反应一定是情绪低落，对于以后的动作再也没兴趣了，使训练没有办法继续下去，孩子的自尊心也会受到伤害。

4.每天给予多种多样的感觉刺激

对孩子进行感觉统合训练最根本的目的是使孩子对外界环境迅速作出准确有效的反应，更好地与外界环境相融合，而感觉又是多种多样的，如视觉、听觉、触觉及前庭觉等，所以在一天当中应当让孩子有多种多样的感觉体验，以使肌体的各个部位都能受到相同或不同的刺激。每天的训练项目和内容应当有交替性，如今天进行触觉和视觉训练，明天进行嗅觉和味觉训练，防止训练过于单调或者枯燥，从而让孩子更有兴趣参与活动。

5.坚持，用耐心培养孩子

感觉统合训练要遵循坚持的原则，不能训练一个阶段就停下来，否则就收不到好的训练效果。这是因为，孩子的学习与发展是一种内在的成长驱力（如学走路、学说话），是一种要以感觉统合为基础、需通过身体的操作、感觉经验的累积及尝试错误、不断修正的过程，当孩子能够坚持走完全程后，才能使脑部和身体各部有良好的协调、互动关系，并具备掌控环境的能力。

孩子感觉统合训练一星期应不少于2次，一次不少于1小时，重度失调的孩子训练次数应更多一些。训练时间可以安排在孩子下课后和节假日，可以随到随练。每训练一段时间（如20次）之后父母就要进行测验，以便了解孩子掌握的具体情况，再根据实际的结果进行下一步的训练。

6.选择训练的时机很重要

进行感觉统合训练之前，一定要考虑到孩子的心情。例如，应当在孩子心情最好的时候进行训练，如果孩子正在发脾气，此时要求他进行练习很可能会让他从此对训练产生抵触。此外，在搬家不久、换保姆或者刚上幼儿园后的一段时间内，最好不要立刻进行训练，要留给孩子心理调节的时间，让他慢慢接受已然改变的现实，然后再投入新的生活中。

感觉统合训练的主要项目

对于年轻的父母来说，孩子的明天是人生的大事，要时刻关注了解，如果孩子出现成长问题，就可以及时发现，并找出应对的办法和措施。对于已经确定是感觉统合失调的孩子，父母要多陪孩子做一些感觉统合训练，如果父母没有太多时间陪孩子，可以把孩子送到专业的培训中心。感觉统合训练的主要项目有以下几个：

1.前庭平衡觉训练

前庭平衡训练主要是通过一系列的训练内容，使孩子能够将面部正前方通过视觉、听觉、嗅觉、触觉、味觉所接收的各种信息进行过滤，然后再传给大脑，以使大脑内部条理清楚，在最短的时间内将信息处理完毕，这种训练对于日后孩子养成良好的学习习惯非常有帮助。此外，前庭平衡训练还可以帮助孩子掌握翻、滚、爬、走、跑等动作，并在活动室保持身体的平衡，对于运动平衡能力较差或者动作不协调的孩子能达到显著的改善效果。

对前庭平衡的训练，主要是运用摇篮、木马、电动玩具、秋千、弹簧垫、圆筒、滑梯、平衡台、袋鼠袋、平衡踩踏车、按摩大龙球、晃动独木桥、圆形滑车、独脚椅、脚步器、大陀螺、竖抱筒等器械通过调整脊髓中枢神经，使中耳平衡体系得到强化，并增强前庭的平衡以及稳定性，使全身神经机能都得到良好协调。

2.触觉训练

触觉训练就是对触觉迟钝或触觉过度敏锐的孩子都需要有计划施以感觉统合训练，以使触觉系统恢复到平衡的状态。例如，父母要给孩子多一些亲密抚摸、亲吻，或常给予冷热刺激、疼痛刺激、松紧压力刺激，孩子的触觉就会逐步得到提高。

对触觉的训练，主要是使用按摩球、波波池、平衡触觉板、捡葡萄干等进行感觉统合训练，以强化孩子的皮肤、大小肌肉关节神经感应，调整大脑感觉神经的灵敏度和辨识感觉层次。

3.本体感训练

本体感训练能够提高孩子学习的速度，缩短与同龄孩子的距离，除了

去指定的医疗机构，在专家以及大型训练本体感器材的指导和帮助下强化孩子的本体感外，还可以在家里通过亲子游戏或者日常生活中的训练增强孩子的本体感。例如，带着孩子在跑步时做加速跑、减速跑的变速运动，让孩子躺在地板上或者床上翻滚、旋转，让孩子趴在地板上做曲线爬行，让孩子感受并进行幅度和力度的训练，或和孩子一起阅读等。

对于本体感训练，可以使用跳床、滑板、羊角球、平衡台、晃动独木桥、S形垂直平衡木、S形水平平衡木、圆形平衡板等器械进行训练，使躯干、肢体等肌肉、肌腱和关节在神经末梢的连接下紧密联系在一起，从而掌握自己的运动状态和空间位置，使身体运动能力灵活、左右脑健全、均衡地发展。

4.视觉训练

儿童用眼较多，所以其视觉功能发育越快越好，不过视觉的发育无法自然产生，它的好坏也不是单纯以看得是否清楚为标准，而是要考虑到对光的敏感度、焦距是否稳定等因素，这些都能靠视觉训练得到提升。

视觉训练能使孩子接收到更多的视觉刺激，提高并完善视觉技能，使大脑能够将准确获取的视觉信息与其他感觉信息进行综合，从而提高视觉对外界的识别能力，起到补充与加强的作用。

视觉训练的方式很多，早期的视觉训练是用黑、白色的物体在孩子眼前晃动，引起他的注意，并引导他转头、伸手、爬行。对于大一点的孩子或感觉统合失调的孩子，则需要用各种颜色、各种形状的物体对其进行训练，如彩色挂图、七色板、各种花样颜色的其他物体等。

5.听觉训练

人们常常遇到这样的问题，戴上墨镜之后，听力似乎会出现下降的情况。这并非自己的错觉，而是由人体的生理结构决定的。在大脑中，听觉处理中心通常与视觉处理中心非常近，二者在运作时经常互相交换信息，以便眼睛和耳朵能够更好地发挥作用。当视觉出现模糊时，听觉就会缺少一条获得信息的途径，听力自然不如从前；同样，听力对视力也有一定的影响。如当孩子在唱歌时，如果听到的音乐与画面上的歌词能够相互对应，就很容易记住歌词和曲调，同理可证，父母在给孩子朗读故事时，如果朗读的声音阴阳顿挫、富有韵律感，孩子对于故事的内容就学得快、记得牢，对以后的智力发育大有裨益。

因此，听觉训练是提升孩子听力不可缺少的训练项目之一，在训练时父母不要用粗暴的语言大声呵斥、周围环境不能有嘈杂的噪声，以免孩子"启动"听觉自我保护膜，养成拒绝听别人讲话的习惯。这样的孩子长大以后听力通常较差，接受新事物的能力也比较低，学习语言的能力较低，不懂得和别人沟通，上课不专心。

听觉训练的方式有很多种，但无论哪一种都是为了提高听觉的敏感性，所以凡是生活中的一切富有美感的声音，如摇铃、爸爸妈妈说话的声音、可爱的动物叫声等，都可以有选择地播给孩子听。当孩子对声音"着了迷"之后，孩子不仅对声音的反应速度能有所提高，还能培养出专注的习惯。

6.嗅觉和味觉训练

嗅觉与味觉虽然在孩子一出生就同时存在，不过想让嗅觉和味觉得到更高的提升还需要后天的训练，嗅觉与味觉的训练能够提高孩子的敏感度，在吃饭的时候有助于提高食欲，从而使机体摄取足够的营养。

嗅觉和味觉训练很简单，无须专业的器械，如鲜花、水果、调味料等都可以用来训练。平日在做饭或者炒菜的时候，也可以有意识地让孩子闻闻气味、尝尝味道，同时用形象的语言来形容一下，如"这杯水好甜，就像蜂蜜一样""这么香喷喷的菜可不许挑食哦"等，加深孩子对气味或者味道的印象。

怎样让孩子玩出乐趣

也许父母都知道感觉统合训练的好处，也很想用各种方式去训练自己的孩子，家里也准备了许多新奇的玩具，但在实践中总会遇到这样或那样的问题，其中最令人头疼的是孩子在家里常常不配合，每玩一样游戏或进行某些训练，常常玩不了几分钟就没了兴趣。而一上幼儿园，孩子却对幼儿园里和家里一模一样甚至更简单的玩具产生浓厚的兴趣，和别的小朋友一起玩得不亦乐乎。难道幼儿园的玩具真的有某种魔力吗？当然不是，在幼儿园里，老师会根据孩子的年龄分配玩具或者进行游戏、训练，并尽量采取集体活动的形式，使孩子之间能够互相模仿、互相学习，将相同的游戏玩出不同的乐趣，用不断变化的形式充分调动孩子的积极性。所以，要让孩子在家里玩出乐趣，就必须注意以下几点：

1.适合孩子的年龄特点

不同年龄段的孩子感觉统合发展不一样，所关注的重点不一样，对玩具的兴趣也不一样，所以父母在选择玩具时要根据其年龄特点，适应其兴趣爱好。例如，几个月大的婴儿对一些色彩鲜艳、能发出响声的玩具比较感兴趣；1岁多会走路的孩子对拖拉玩具、球类、学步车会产生兴趣；3岁左右的孩子则对洋娃娃、玩具房子、玩具餐具等用来玩"过家家"的玩具有着浓厚的兴趣。

2.简单但能玩出花样

孩子的感觉统合和智力还不完善，他们还不适应比较复杂的环境和玩具，而是比较喜欢简单而富有变化的玩具，如沙土、彩泥、穿珠、套杯、积木等，虽没有固定的玩法，但孩子们每次玩耍都能做出很多花样，体验到一些想象不到的变化，在游戏中得到更多乐趣。

3.不要给予太多选择

父母多花点心思，细心地观察和了解孩子的特点，然后通过其他方式调动孩子在家玩玩具的积极性，让孩子在家里也能玩出更多的乐趣。一大堆杂乱无章的玩具堆放在孩子面前，会让孩子有一种眼花缭乱的感觉，不知道如何选择。父母最好把玩具分门别类放好，让孩子能够一眼看到自己想玩的玩具，或自己很容易就能拿到玩具。归置玩具的时候，不要将玩具杂乱无章地放在一个大桶或者大箱子里，最好放在整理架上，这样就不会把孩子喜欢的玩具压在下面，或者因为堆积造成磨损，影响孩子的玩兴。

除此之外，父母每次给孩子的玩具不要太多，三四样玩具足以让孩子玩几小时。一些玩了较长时间的玩具可以暂时收起来，不让孩子看到，过一段时间再拿出来，可以增加这个玩具的新鲜感。

4.陪着孩子一起玩

玩具虽然是给孩子玩的，但并非有了玩具，父母就可以撒手不管。玩具是"死的"，它无法与孩子产生互动，在单方面的游戏中孩子就会渐渐失去玩的兴趣。孩子在玩的时候，也渴望与父母分享成功的喜悦，所以常常希望父母与他一起玩。父母如果有时间，应当尽可能地与孩子相处，和他一起玩，并在玩耍、沟通的过程中协助孩子玩出更多花样，体验到更多的乐趣。

5.鼓励孩子和小朋友交换玩具

不少人都有这样一种心理："别人的东西总是最好的"，这种心理并不是后天养成的，而是在孩童时期就出现了。即使自己的玩具再好，孩子还是认为别的小朋友的玩具更好玩、更新鲜。根据这一心理特点，父母不妨与其他父母进行联系，邀请别的小朋友到家里玩或者让自己的孩子也经常"串串门"，并鼓励跟别的小朋友交换玩具，这样就能够使孩子保持一种新鲜感，对于学会与他人相处也有积极的推进作用。

第四章

儿童孤独症和儿童多动症

　　并不是所有感觉统合失调的孩子都会患上孤独症或者多动症，但是患有这两种疾病的孩子一定经历过感觉统合失调，这是一个非常普遍的问题，需要人们多多关注。

儿童孤独症

孤独症也称自闭症，作为一种孩子发展障碍，有人给患有孤独症的孩子起了一个美丽的名字，称他们为星星的孩子，因为他们像天使般美丽，却无法融入我们的世界。患有孤独症的孩子与常人无异，看起来很聪明，常常拥有很高的智力，但刻板古怪、社会交际能力低、有奇怪的兴趣、语言表达困难或语言表达很好等。孤独症一般在3岁之前可以发现，如果得不到及时有效的治疗，会对患儿本人、家庭成员造成极大的痛苦及损失。

1.孤独症的主要原因

孤独症可分为触觉型自闭和前庭型自闭，触觉型孤独症患儿大多能够开口说话，但是前庭型孤独症患儿则在语言的发育上表现出明显的迟缓状态。不管是哪一种自闭类型，他们对触觉均有过度的防御感，造成这一问题的原因有如下两点：

（1）病发与生物体本身有关。

人体大脑边缘有杏仁核和海马区，这两个部分能够控制人类情感和攻击行为，并对光线、声音、味道等作出应答反应。当这两个中枢神经出现障碍时，无法在遇到新的情况后动用之前存储的信息，从而出现社会行为退缩、不了解危险处境、多动行为、攻击行为和情感淡漠等行为。

（2）家庭气氛影响孩子的情绪。

父母经常忙于工作，认为只要给孩子提供最好的衣食即可，无暇顾及孩子的精神情感；有的父母处理问题简单粗暴，动辄呵斥、打骂孩子，给孩子的心灵造成了严重的伤害。这些孩子在经历一次又一次的失望或者伤害时，为了保护自己，往往将情感封闭起来，从一开始只有一些孤独倾向，逐渐发展到真正的孤独症。

2.孤独症患儿最典型的特征

（1）社会交流有障碍。

孤独离群、不会与别人建立正常的联系，这是孤独症患儿面临的最大问题。他们对周围的事物漠不关心，难以体会别人的情绪和感受，也无法正确地表达自己的情绪和感受。缺乏过渡孤独症患儿存在"思维盲区"，他们认为自己所想到的事情别人一定能够想到，所以没有必要相互交流，缺乏与他人交往的欲望；在做事情的时候，他们也会认为自己做的是别人也想做的，并有意识到自己的行为很可能会伤害他人，所以常常被人误解，认为他们缺乏或没有感情。

孤独症从婴儿时期开始露出萌芽，如有的孩子从小就和父母不亲，也不喜欢让人抱，当别人要抱他的时候没有伸手期待的姿势；有的孩子从来不主动找小孩玩，别人找他玩时表现躲避，会表现出各种"拒人于千里之外"的反应，如对呼唤没有反应、焦躁不安等，总喜欢自己单独活动，自己玩；还有的孩子虽然表现得不拒绝别人，但是缺乏交流能力，用拍或者揪别人或突然过去搂人一下、然后自己就走了的方式吸引他人的注意。不过这种做法通常会给人一种印象：好像拍人、揪人不是为了找人联系而只是一个动作，或者说只存在一个接触的形式，而无接触人的内容和目的。

（2）语言障碍突出。

大多数患儿特别是前庭型孤独症患儿大多不喜说话，有的甚至终身不语，宁愿用手势来代替语言。有的患儿虽然能够说话，但是却会出现各种语言异常，如机械地模仿他人，并且常常分不清你我；说话声音很小、很低或自言自语；重复一些单调、没有任何意义的话，并且对于他人的提问置之不理。还有不少孤独症孩子时常出现尖叫，这种情况有时能持续至5~6岁或更久。

（3）兴趣狭窄，行为刻板，对环境要求严格，不容许有丝毫改变。

不要以为孩子过于专注某件事情或者某个物体就是注意力集中的体现，对于孤独症患儿来说，这只是他们日常生活中必做的一件事情。孤独症患儿通常会较长时间地专注于一种或几种游戏和活动，而且不论是语言还是动作都非常固定刻板，例如，经常机械地模仿他人或者电视上发出的声音（无意义的音节或者单纯的字），着迷于将皮球滚来滚去，将积木按照一定规律摆放，但通常摆放的造型都没有什么意义。还有些患儿对天气预报以及一些广告非常感兴趣，对于其他小朋友热衷的动画片、儿童剧却兴趣不大。

症状比较严重的患儿甚至还处出现以下几个特征：每天要吃相同的饭菜，出门要走相同的路线，每天要穿同样的衣服，无论做什么事情都要遵循严格的习惯性，否则就会出现明显的焦虑、大哭大闹等反应。因此，对于孤独症患儿来说，他们无法适应新的环境，无法每天与不同的人相互交流，逐渐衍变成严重的社会交流障碍。

（4）智力发育落后或不均衡。

孤独症患儿的智力发育与同龄人存在一定的差别，根据数据显示，大约有70%的患儿虽然智力落后，但在某些领域有着超常的能力；大约20%的患儿虽然表现出一定的症状，但智力在正常或者接近正常的范围；还有大约10%的患儿智力超常，他们理解事物的能力远远超过理解他人，如《雨人》中那个患有孤独症却拥有超常计算能力的主人公，他的原型就是美国犹他州盐湖城的金·皮克，他虽然患有孤独症，却是一个记忆天才，不仅能背诵9000多本书，还能准确记住各种历史大事的日期，并且在历史、文学、数学、体育、音乐、地理等15门学科上都有相当造诣。

在我国，患有孤独症但智力超常的孩子也不乏其人，他们的智力活动在某一方面有特殊表现，令人不可思议。有不少患儿就像"雨人"一样，机械记忆能力很强，尤其对文字、数字、音符的记忆能力十分敏感。但是，即便患儿具有如此强的阅读与背诵能力，却无法将他所理解的东西用自己的语言说出来，更不用提与他人正常交流了。

有个4岁患儿特别喜欢认字，看见不认识的字就主动请教别人，并且只问一次就能记住，还能毫不费力地阅读儿童故事书。这说明他已经掌握了不少词汇，但让他用词来表达自己的意思，却存在明显的困难。经过专家的测试，最终得出该名患儿在理解语言和运用语言能力方面存在缺陷，是典型的孤独症患者。

（5）缺乏"举一反三"的学习与模仿能力。

模仿是孩子的天性，通常正常的孩子具有很强的好奇心，看到别的小朋友怎么玩，自己也一定要跟着学；看见大人说什么话，"好奇宝宝"也会将这句话"存入"自己的"词汇仓库"中，以便随时使用。

例如，小宝听到一个笑话，其中有一句是蜗牛对蟋蟀说："别以为你沾个'蟀'字就很帅。"蟋蟀则不服气地反驳："别以为你沾个'牛'字就很牛。"过了几天，小宝的表姐来家里玩，在游戏的过程中总摆出一副做姐姐的样子，小宝不服气地说："别以为你沾个'姐'字就很牛。"

从这个事例中我们可以看出，模仿对于孩子来说非常重要，但这个模仿并非单纯的机械性模仿，而是"举一反三"的模仿，不仅要学会相关的动作、语言，更要把这个动作或者语言根据当时的情况加以改造，以便运用得当。而孤独症的孩子虽然也懂得模仿，却并不能将模仿到的东西自如地运用于生活之中，难以举一反三，综合运用，所以只能是单纯地背诵单词，难以组织自己的语言，说出自己的心里话。

（6）存在感觉异常。

大多数患有孤独症的孩子存在感觉异常问题，如对某种声音特别喜爱或者恐惧，对某种颜色非常敏感，但对另一种颜色几乎视而不见，还有些患儿对于疼痛感、眩晕感、劳累感非常迟钝。例如，一个叫乐乐的孩子，他不懂得与他人交流，即使家人跟他说话，他也同样不理不睬，就像没听到一样。不过，乐乐对于音乐十分喜爱，如果将问题用唱歌的形式唱出来，他立刻会作出反应，与提问的人正常交流。

3.孤独症的治疗

对于父母来说，尽早确诊能够使孩子尽早摆脱孤独症的困扰，除了进行药物治疗外，感觉统合训练也是一种治疗的好方法。通常，患有孤独症的孩子无法将感觉器官接收到的刺激信号准确输送到中枢神经，从而使神经出现兴奋与抑制失衡现象，具体表现为对一些感觉的反应过弱，对另一些感觉的反应却很强。感觉统合训练能够充分调动患儿潜在的感觉意识，尽可能多地刺激患儿感觉统合中迟钝的部位，慢慢引导孩子走出自闭的空间，用触觉、视觉、听觉、嗅觉、味觉等感觉感受外界的美好。

儿童多动症

多动症分为广义与狭义两种，其中前者是指凡各种实质性损害的大脑疾病、先天性脑部发育不全、贫血、过敏、铅中毒等表现出的多动、

注意力障碍、认知能力差、任性、冲动等症状被称为"多动综合征"，它是一种多病因的症状；后者是指孩子的大脑并无实质性损伤，也没有任何金属中毒或者过敏反应，而是有轻微脑功能障碍，这种脑功能障碍会导致孩子自我控制能力差、注意力不集中、情绪不稳定、多动闲不下来等，同时伴有不同程度的学习困难或者行为障碍，不过通常不存在智力低下问题。

1.造成多动症的原因

专家研究表明，造成孩子多动症的原因有很多，既有生理的原因，也有心理的原因。

（1）生理的原因。

遗传是多动症的重要因素，根据1975年《国外医学》（儿科学分册）的报道，有多动症患儿的家庭中，其同胞兄弟姐妹比异父或者异母的发病率要高。在我国，也有类似报道，在一个家族中，可能同时会有几个人患有多动症。

此外，饮食不当也会造成大脑发育滞后和脑组织器质性损害，导致孩子出现多动症。有害物质中毒，如摄入含铅量过高的饮食（不一定达到铅中毒）也可能导致多动症。另外，加工食品中的防腐剂、染色剂等添加剂若食入过量，也可能导致多动症。

（2）心理的原因。

许多孩子的父母太急于"望子成龙"，加上幼儿园、学校的教育拔苗助长，导致早期智力开发过度，造成孩子多动症（注意力涣散、多动）。此外，家庭气氛不和谐、父母生活习惯不良、父母对孩子关心不够或过于溺爱、过分严格等，都可能引发或增强孩子的多动症。根据资料结果显示，在多动症患儿的不良家庭教育方式中，父母中所谓的"严格管教者"占61.7%，过分溺爱者占7.05%，放任不管者占3.5%。

2.多动症儿童的表现症状

（1）多动症儿童的智力与正常儿童相同或接近，从小就有比较明显的特征：

①经常哭闹，不听话，即使在喂奶的时候也处于兴奋状态。

②入睡困难，且睡眠质量较差，一有轻微响声就会被吵醒。

③喜欢乱动，如果将孩子放在较高的地方，经常会滚落到地上；学会坐之后坐不住，手脚乱动，身体扭来扭去，经常弄坏或打翻东西。

（2）长大一些后，多动症状更为明显，主要表现为：

①注意力不集中，很容易分散，停留在一个事物上的时间极短，而且这种注意力分散是不自觉的，不能控制的。

②精力充沛，喜欢打扰别人，不管做什么事情都不愿意按顺序等候。

③多言多语，不仅喜欢提出各种各样的问题（有意义或者无意义），而且常在问题没问完时就抢答。

④经常把学习、生活必需的东西弄丢。

⑤学习、做事时不注意细节，常犯粗心大意的错误。

⑥动作的精细与协调困难，常伴有不同程度的学习困难。

⑦做作业或完成任务时，常虎头蛇尾，不能按照父母的要求完成。

⑧无视他人的话，并且与他人交流时常被外界吸引而分心。

⑨表现出冲动性行为，在教室或其他需要静坐的场合会突然离开座位。

⑩做游戏时经常会突然搞破坏，如将别的小朋友堆好的玩具推倒，

但其本身并没有恶意。

⑪不愿意做需要持续动脑子的事情，对于分配给自己的任务或活动没有企划能力，甚至忘记分配的任务。

⑫情绪不稳定，冲动任性，在休闲活动中很难保持安静，会突然大声哭闹，但一会儿就像没发生过一样。

（3）除了多动之外，还会有其他问题：

①由于受到同龄人的排斥，孩子会产生一些心理方面的问题。

②由于过分紧张或者精力旺盛，在同龄人之间很难交到朋友，从而可能会变得孤僻。

③患儿会觉得自己不如别人，从而产生自卑的想法。

3."多动"与"好动"的区别

在实际生活当中，调皮好动的孩子和患有多动症的孩子的表现非常相似，让许多父母难以判断，不过通过仔细观察，还是会发现他们有四点明显的区别。

（1）行动目的性：顽皮好动的孩子的行动一般原因性和目的性都很强，并且通常都会做好计划和安排。多动症孩子的行为则表现为冲动、缺乏明确目的。再以推积木为例，顽皮好动的孩子将其他小朋友的积木推倒，目的可能是想引起他人的注意，而多动症孩子的行为则是无意义的，仅仅是为了推而推。

（2）自我控制能力：好动的孩子具有自我控制能力，在严肃、陌生的场合通常停止恶作剧或者调皮的行为，表现得规规矩矩、不吵闹，甚至可以静坐等待。而多动症孩子控制力较差，不分场合、不分时间地做出某些出格的行为，经过大人呵斥之后还是不能控制自己的行为。

（3）注意力与兴趣的关系：好动的孩子虽然比其他孩子更加顽皮、好奇，但通常只在自己认为某件事情过于枯燥的时候才会出现故意捣乱、动来动去的行为，只要遇到自己感兴趣的事情，如听故事、看动画片、看木偶剧等就会非常专注，并且讨厌他人的打扰。多动症孩子的行为多具有冲动性，没有明显的兴趣爱好，玩什么都心不在焉，无法全身心地投入。

（4）通过药物观察：顽皮好动的孩子服用镇静药物，可以产生催眠的作用；多动症孩子服用这类药物之后，不仅不会安静，反而更加兴奋和多动，这是两者最重要的区别。

4.儿童多动症的治疗

虽然多动症状以"多动"为主要表现，但有10%～15%的多动症孩子并没有多动表现，却表现出其他症状，其中以注意力不集中最为突出，且以女孩较为多见。

因此，对多动症比较合理的描述应是：在需要自我控制的场合不能克制自己的行动，注意力不集中，目的多变，易给人一种活动过多的印象。父母不要因为孩子没有明显的多动症状表现就不求医，对存在学习困难、注意力不集中等不良症状的孩子，也应该及时找医生诊断、治疗。

多动症对于孩子的身心健康的危害非常大，如不及时治疗，很可能会延续到成年甚至终生都是多动症患者，这对以后的学业、职业以及人际关系均会产生不同程度的影响。因此，父母不要因为孩子没有明显的多动症状表现就不求医，对存在学习困难、注意力不集中等不良症状的孩子，也应该及时找医生诊断、治疗，早治与晚治，在疗效和愈后方面都有显著的差异。

儿童多动症的治疗通常分药物治疗和心理治疗，药物包括利他林、匹莫灵等，能有效地改善部分患者的症状，但只能治标难以治本，且易引起失眠、食欲减退、消瘦，以致影响生长发育，所以只适合短期使用；心理治疗通常应当需要家庭、幼儿园以及学校同时配合进行，不要因为孩子有多动症就动辄打骂、呵斥，而应当找出问题的症结，有意识地指导孩子进行感觉统合训练和躯体训练，如拳击、柔道、游泳、打球等，使孩子增强做事能力。多动症的心理治疗无须使用高级的器材，父母平日在家里也可以很好地完成，例如：

（1）制订尺度合适的规章和纪律，为孩子制作一个非常清楚的作息表，并且要严格执行，不能因为某件小事就中断。当然，如果孩子出现不遵守时间表的情况，父母不应简单而粗暴地处理，而需要根据具体情况灵活处理。

（2）父母给孩子布置一些力所能及的任务，并对孩子说明他对这些任务的责任，当孩子很好地完成时要给予表扬，如果完成得不理想也要给予鼓励，并帮助孩子分析失败的原因。

（3）在教孩子新东西时一定要保持耐心，不可因孩子的多动而大发雷霆，如果孩子因为注意力不集中没有听清楚，一定要有耐心地重复，并要求孩子复述他所听到的内容。

（4）在孩子身上找到优点，即使他惹了祸也要从中找出值得表扬的部分，然后顺势提出需要改进的地方，使孩子逐渐明白什么该做、什么不该做。

父母要明确地告诉孩子："你是我的好宝宝，但是我不喜欢你不捣乱"，而千万不能说"你不听话，我不喜欢你了"。

给孩子一个自己的空间，在空间中东西不要太多，装饰物尽量避免华丽、烦琐。例如，把书桌摆放在空空的墙下，使它远离干扰，这有利于孩子的注意力集中。

一次只做一件事，如一次只让孩子玩一个玩具，不读完一本书就不可以看其他的书，如果听收音机就不能看电视等，避免多重刺激加重注意力不集中问题。

第五章

关于感觉统合训练的几个认识误区

感觉统合训练引入中国的时间不长，人们对感觉统合训练的认识也存在着一定的误区，父母应该认识到这一点，并适当调整心态，正确对待孩子的感觉统合失调，才能选择适当的感觉统合训练方式对孩子进行训练，有利于孩子健康成长。

误区一：感觉统合会水到渠成

有的父母对于孩子身体、动作不协调，还不以为然，认为是年龄太小的原因，长大了感觉统合自然就会正常。其实在0～3岁，特别是6～12个月，正是孩子学爬、学走的关键期，也是建立感觉统合能力最佳的时期，错过了时机，孩子的身体会有很多的潜力受到限制，得不到充分的发挥。即使身体发育没有问题，感觉统合也很好，但依然有必要进行感觉统合训练，以利于增长孩子的身体协调性，开发大脑功能，为孩子的美好明天抢占更多有利点。

有的父母却操之过急，为了让孩子快点学会走路，便过早地买来学步车进行"辅正"，其实这恰恰违背了孩子成长的正常要求。孩子的爬行期是不可逾越错过的，要尽可能让孩子多练习爬行，这样才有利于四肢以及颈背肌肉的发育。如果没有经过爬行的阶段就直接学习走路，关节肌肉会因为还未达到负重的要求从而影响孩子下肢的发育。此外，学步车的坐垫较高，孩子坐在车内基本上是靠脚尖用力触地滑行，这样容易使足关节变形，形成趾外翻，甚至扁平足、"X"或"O"型腿。对于孩子来说，长时间坐在学步车中还会限制孩子手、眼、脚的自主配合动作，不仅不利于感觉统合，反而会加重感觉失衡现象。

因此，建议婴儿1岁前主要学习爬行，12个月以后才可以坐学步车，且每次时间不宜过长。

误区二：只有出现问题才需要感觉统合培训

感觉失调并不是一个特殊的情况，不是发生在极少数婴幼儿身上，实际上它是一种十分普遍的现象，大多数婴幼儿存在不同程度的感觉统合失调，且依靠自己很难使感觉完全达到统合的境界，所以有必要对每个孩子进行早期的统合训练，而不要等到出现问题时才想起来训练，这种做法也只是"亡羊补牢"，具有非常大的局限性，而且效果也不如在问题还没明显化时那样好。

父母平时在家中最好与孩子进行互动式的感觉统合亲子游戏，不必要等到孩子出了问题才想到找专家、机构去"恶补"。当然，如果家庭条件许可，花钱到某些机构找专业职能训练师，可以为孩子提供更有效率的感觉统合训练，也未尝不可。

误区三：感觉统合训练交给老师就行了

有的父母虽然重视到了感觉统合训练，却认为有专业的老师带着孩子就可以了，无须自己费心。其实父母是孩子的第一任老师，也是幼儿园教育的辅助者，父母应主动配合幼儿园或专门机构的教学训练工作，成为孩子感觉统合能力的家庭"训练师"，共同培养好孩子。

因为，训练过程中的亲子交流是感觉统合发展的重要基础，有了父母的鼓励与赞扬，孩子才会更加努力地训练，这对于孩子的身心健康发展非常有益。另外，除了孩子在学校的时间，父母与孩子还是有非常多的时间在一起。父母正好可以利用晚间休息时间与孩子做一些感觉统合训练。或者在洗漱、穿衣的时候多与孩子进行一些身体接触，还可以培养孩子的独立能力；孩子小的时候，可以陪孩子一起睡觉等。

当然，感觉统合训练也不是一朝一夕就能完成的事，也有非常多的技巧和要注意的问题，不是专家不要紧，后天可以学习，只要遵循以下几点即可：

（1）父母须保证感觉统合密集训练时间。

（2）重视与老师的联系，加强家庭训练辅助效果。

（3）在家与孩子保持经常性的良好沟通。

（4）家庭中培养孩子良好的训练习惯。

（5）认真完成幼儿园或专门训练机构布置的家庭辅助训练内容，并记录反馈。

（6）督导孩子在家完成训练作业。

（7）积极参加幼儿园或专门训练机构举办的各种活动。

误区四：把感觉统合训练理解为大肌肉运动

有的父母把感觉统合训练简单地理解为运动难度和幅度大的大肌肉运动，认为感觉统合活动便是纯体育锻炼，甚至可以代替体育活动，结果忽略了感官训练应当以精细、安静为主。

大肌肉运动虽然可以在一定程度上刺激肌肉和神经的发展，但它对身体感官的刺激非常有限，所达到的效果也比较低级；而感觉统合的教育过程则是创设一定的环境，使孩子接受正确的、丰富的、不间断的感觉刺激，以达到激活孩子心理，引发积极行为反应的过程。感觉统合训练所发出的感觉刺激包括动作觉、皮肤觉、知觉、听觉等多种感觉，并使这些感觉在同一时间内不断交互、重复，达到感觉整合练习效果。如果单纯强调某一方面的感觉刺激，如大肌肉运动，必然会影响感觉统合的效果，甚至从平衡引致失衡。

误区五：忽视儿童个体差异

有些父母盲目地进行统一化训练，而忽视了孩子之间存在的个体差异。如进行增强前庭功能的训练时，没有就孩子的前庭功能情况进行分析，让孩子都接受同一强度的训练，造成一些前庭功能不够协调（如易晕车）的孩子训练过度，对身体造成不良的影响。

每一个孩子都是独立的个体，即使是相同的年龄也会因遗传、身体素质等因素的影响而具备各自不同的特质。教育是促进个体在各自水平上得到发展的过程，这是由教育本身的规律决定的，感觉统合教育同样不能违背这一规律。没有将尊重孩子的年龄特点和身心发展规律、因材施教，整齐划一化的感觉统合训练只会令强者受到压抑，弱者受到摧残，这显然与感觉统合教育的目的是背道而驰的。

例如，有一个3岁的孩子，对绘画表现出了兴趣，于是妈妈给他买来画纸、水彩笔，让他涂鸦。有一天，妈妈下班回家发现家中墙壁上被他画得五颜六色，乱七八糟，孩子却兴奋地拉着妈妈的手说："妈妈，你看我画得多美呀！这是红红的太阳，这是香香甜甜的大苹果，给妈妈吃。"看到孩子画得乱七八糟的墙壁，妈妈本想责怪他几句，但转念一想，这样会伤害孩子的自尊心，扼杀其对绘画的兴趣。于是笑着夸奖道："你画的太阳真好，照在人身上暖洋洋的。"孩子喜欢鼓励的天性得到了满足，并让妈妈马上给他找纸画画。妈妈继续鼓励他："我给你找纸，你以后每天都画一张，只是不要再画到墙上去，好吗?"孩子点点头。从这一天开始，孩子每天都要画画，但再也没有画到墙上去了。

上面例子中的妈妈让孩子在自己喜欢的领域自由发展，这其实就是一种非常有益、有效的感觉统合训练，能够将孩子的随手涂鸦引导到绘画的兴趣上，使孩子找到自己的爱好所在。可见，好的引导是培养孩子各方面的兴趣、开发智力、发展其能力、使孩子养成良好品格的重要前提。当然，这其中的关键是，父母要有一颗平常心，顺应孩子的自然发展，让他落到他喜爱的那片滋润的沃土里生根发芽，让他在他那片心爱的天地中驰骋。

但是，在现实中，很多父母却在不知不觉中做着扼杀孩子感觉统合训练的行为，如有的父母会因为沙子、泥巴太脏而制止孩子的游戏；有的父母会因为怕孩子危险而不让孩子爬上爬下；有的父母因为安全问题常指责孩子拆坏了家里的电器或玩具等。其实，孩子早期的每个动作行为都意味着他们的好奇心与神经动作的协调发展，每一个游戏都有其可贵之处，如果父母贸然制止，不仅对孩子的感觉统合不利，还可能影响孩子的心理，形成对父母的敌视。所以，在保证安全的前提下，父母不要阻碍孩子的兴趣发展，更不要盲目阻止孩子的游戏行为，要让孩子在自由探索中找到属于自己的未来之路。

误区六：忽视了孩子的承受能力

感觉统合训练在中国的发展还处于初级阶段，许多人对"感觉统合训练"理解不够透彻，盲目加大训练的强度，结果非但没能使孩子在自己原有的水平上得到足够的发展，充分发挥感觉统合训练的效果，反而增加了孩子的负担，超出了孩子的承受能力。关于这点，主要包括两个方面：

1.忽视了孩子的身体承受能力

许多父母或老师盲目地增加活动量，增大活动强度或难度，如利用滑板进行前庭感觉、固有感觉、触觉等训练之前，没有对孩子俯卧滑行持续的时间进行科学的测量，结果造成活动量过大或者过强，对于正处于骨骼发育关键时期的孩子来说会造成一定的影响。

2.忽视了孩子的心理承受能力

有的操作活动难度太大，以至于孩子付出很大的努力仍无法解决，结果造成心理障碍，使感觉统合训练无法进行下去。

之所以会出现这种情况，是因为现在的孩子大都是独生子女，父母望子成龙、望女成凤心切，不是让孩子顺其自然地发展兴趣和爱好，而是代替孩子去选择兴趣和爱好。而他们为孩子选择兴趣的标准又往往与希望孩子将来有个好职业之类的功利目的直接挂钩。于是，越来越多的孩子加入了"钢琴考级班""影视表演班""美术书法班""外语班""计算机班"等，这严重影响了孩子的承受能力，往往会起到相反作用。

所以，做父母的应有一颗平常心，要顺应孩子的自然发展，尊重孩子的心愿，对孩子加以正确引导，让他学自己感兴趣的东西，只有这样才能收到好的效果。但现实往往事与愿违，由于无法完成父母期望的目标，越来越多的失败让孩子的心理负担过重，最终会降低心理承受能力，就会缺乏战胜困难的信心、勇气和能力，在感觉统合的学习中因失败而放弃，从而影响感觉统合训练的效果。因此，作为父母，对孩子的心理承受能力也应从小培养。

小链接

如何培养孩子的心理承受能力？

（1）应尽量让孩子处理力所能及的事情。

（2）表扬也应适当，如果孩子做了一件应该做的事情，顶多给予鼓励而不是赞不绝口，以免孩子养成以自我为中心、虚荣、任性的性格。

（3）在孩子遇到一些不愉快的事情，如和小朋友吵架了，被幼儿园或者学校的老师批评了等，父母要及时对孩子进行心理疏导，使孩子对人生中的挫折有一个正确的认识，从而提高其心理承受的能力。

（4）有目的地进行心理训练，采用"挫折教育"或"耐错教育"的方式教育孩子始终以平和自然的心态参与生活和竞争，这样才能使他们经得起未来人生道路上的风雨。

误区七：用感觉统合训练替代学习障碍训练

学习障碍训练是以学习能力（主要指的是人的认知能力，如语言的运用和掌握的能力，读写能力，数学运算及推理的能力）为核心内容的训练，在心理评估的基础上为每一个学生设计不同的教育方案，并根据训练的实施情况，及时调整训练方案。而感觉统合训练则是侧重运动能力的一种训练，它强调的是人的感觉动作，包括前庭器官，与学习成绩提高并不能产生直接的关系，所以不能代替学习障碍训练。

因为，感觉统合能力虽然能够综合培养孩子各方面技能，锻炼孩子逻辑思维能力，激发想象力和创造力，塑造优秀品质，树立孩子的自信心，培养积极的人生态度，但是孩子是个有机体，只有大脑及身体感官的组合互动，才能形成学习能力，而且学习能力的提高必须结合具体的学习内容进行，如读写能力训练必须使用大量文字和阅读材料，数学能力的提高必须使用逻辑推理和数学思维训练。所以，感觉统合训练与学习障碍训练不仅概念、结果不同，而且训练的对象、方法也有所区别：

1.感觉统合训练

（1）主要针对感觉运动落后者。

（2）难度低，只做规定动作。

（3）对老师要求低，可在家进行训练。

（4）主要内容为平衡、翻滚、肌肉动作能力。

（5）由一个老师对10个以上学生进行同样的动作训练，如滑板等。

（6）注重外部的运动能力对身体协调能力的改进。

（7）与成绩的提高相关低。

（8）受传统的行为主义指导。

2.学习障碍训练

（1）针对听说读写困难者。

（2）对训练老师要求高。

（3）主要内容为阅读、计算写作、听讲能力。

（4）个别化教育方案，由一个老师对1～2个学生进行个别化的教育辅导。

（5）重视内部的认知过程和高级与思维过程及学习的操作能力的改进。

（6）难度大，需要不断地修正原有的教育方案。

（7）与成绩的提高相关高。

（8）受现代认知心理学指导。

第六章

针对感觉统合的专门训练

　　感觉统合训练是有科学性、系统性和针对性的，所以父母在为孩子做感觉统合训练时要根据孩子的特点，采用适当的训练方式，即在哪方面感觉统合失调就在哪方面多进行感觉统合训练。

注意能力训练

平时，孩子通常听不到房间里的座钟或挂钟的嘀嗒声，因为这种声调的声音往往在注意之外，但如果在孩子看书的时候把一台座钟放在座位边，便会随时听到钟的嘀嗒声，这时孩子就会出现两种情况，要么停止看书去听钟的声音，要么沉湎于看书，这种两种截然不同的反应便是人的注意力。注意力是人的大脑感觉器官对客观事物的集中和选择能力，是顺利获得知识、进行其他职能活动的前提，更是孩子早期智力发育、学习能力发展的基础。

注意能力主要包括两个方面：警觉性和选择性，警觉性和选择性的好坏共同决定了注意能力的强弱。

警觉性是指人在清醒状态下，总是保持一定的警戒意识，时刻准备应对即将发生的任何变化，一旦事物发生某种新异的或与人的生活经验

密切相关的变化，都会给予注意。例如，在孩子上课时全神贯注，注意力高度集中，一旦老师要求回答问题，就会迅速反应，这就是注意力的警觉性。

选择性是指人在有意识的警戒状态下，随时随地都有各种各样的信息作用于他，究竟会接受哪些信息，就全以意识的选择性为转移。如孩子想查某个单词的某个含义，在字典中查找的时候大脑处于一种紧张的状态，把这种状态叫警戒性，因为随时都准备出现所要查找的词。在找到所查的词后，选择性就显现出来了，因为此时意识要对单词的不同意思加以区分，从中选择最佳的一种，这就叫注意的选择性。那么，有什么办法可以帮助孩子集中注意力呢？下面就介绍注意力的家庭训练法。

1.注意稳定性训练

注意稳定性不佳往往是因为意志力薄弱、情绪不稳定等造成的，所以对于注意稳定性训练应从提高意志力和情绪稳定性两方面入手。具体训练方法有：

（1）意志锻炼法。

规定孩子在一定时间内完成一定的学习量或某种游戏。开始时，时间可以稍短一些，并可选择孩子比较感兴趣的学习或者游戏，然后逐渐过渡到在较长时间内完成孩子没有多大兴趣的学习或游戏。训练开始阶段可以设置一定的物质奖励，当孩子完成情况较好时，便可获得物质奖励。然后逐渐过渡到口头奖励，不再给予物质刺激，如"你真棒""下一次可以做得更好"等。下面介绍几种训练方法：

①家庭条件允许可以练习弹钢琴，每天弹10～20分钟。

②每天要求跳绳或踢毽，要固定时间，每次10分钟左右。

③让孩子把在纸上大小不同、次序也被打乱的1~100的数字，依次找出，并按顺序排列。

（2）干扰训练法。

让孩子在外界有干扰环境下完成学习或游戏。干扰刺激可以是电台广播、电视节目、外界的嘈杂声等。训练的原则与意志锻炼法相同，即干扰刺激应从小到大，训练时间从短到长，学习任务应从易到难，对提高注意力非常有效。

例如，玩乒乓球干扰注意游戏：要求孩子把球放在球拍上，绕桌子行走一圈，注意不让乒乓球掉下来。父母可以在旁边故意捣乱，但不能碰到他的身体。一会儿拍手跺脚，一会儿大喊大叫，还一边说"掉了！掉了！"孩子往往忍不住就笑了，但为了完成任务，只得保持镇定和注意力集中，继续完成游戏。

让孩子端着一个盘子坐在平衡木上，盘中装着一些不同颜色的豆子，要求孩子在摇摆中把某种颜色的豆子挑出来。

除了以上训练，集中注意力的训练形式还可以多种多样，随处都可因地制宜进行训练。例如，在等人、候车时，或者周围是各种繁杂现象和噪声的环境下可以做一些背书训练或两位数的乘、除心算，这种心算不集中注意力是无法进行的。

2.注意转移训练

改善注意转移能力可以通过提高主体的自我控制能力来实现，具体训练方法如下：

（1）随机写两个数，如8和3，一个写在另一个的上边；然后把它们相加，其结果的个位数1放到右上方；再把上面左边的原数8复制到右下方。从后面得到的数开始，如1和8，继续按照上面的方法做下去，最后得出两组数据。

81909987

38190998

（2）开始的两个数相同，然后把两个数相加的个位数写在右边的下面，把左下方的数复制到右上方。然后按照上面的规则，继续做下去。

83145943

31459437

让孩子稍加练习后，每隔半分钟向他发出命令：按第一种方法做一次、按第二种方法做一次交替进行。孩子听了命令后，做完一种后画一竖，立即改做另一种，尽可能准确而迅速地完成。检查后会发现，错误主要发生在两题转换之间。通过多次训练，自我控制能力得到提高，错误率会减少，转换速度也会加快。

3.注意广度训练

训练注意广度的目的在于提高自身的整体知觉能力，具体训练方法如下：

（1）划数字训练：给孩子列一张无规则的数字表，然后划去任意两个数之间的某个数；这些数字可以自由选定，如划去"5"和"9"之间的"3"等。

3153496038254790

2952037154269874

7402730156492398

评分方法：

计算划对、划错和漏划三种数据。全部划对的数字的总和称为粗分，划错的加上1/2漏划的称为失误。粗分减去失误称为净分，用公式表示为：

净分=粗分-（划错数+1/2漏划数）

失误率=（划错数+1/2漏划数）÷划对数×100%

通过多次训练，比较净分和失误率，就可以看出孩子注意广度是否得到改善。

（2）圈字练习：把下列数字2全部打圈。

35915636502366529369824525362260236950 0

90747200205812425258205820586351425212 3

45687985425484584585478556784578457874 4

55122342214896325842212495632756963147 0

25896541230125893054589453126987010578 9

12542024852481054236135677920102153542 1

（3）数数游戏：在一张有25个小方格的表中，将1~25的数字打乱顺序，填写在里面（见下表），然后以最快的速度从1数到25，要边读边指出，同时计时。

21	12	7	1	20
6	15	17	3	18
19	4	8	25	13
24	2	22	10	5
9	14	11	23	16

可以多制做几张这样的训练表，每天训练一遍，注意力水平一定会逐步提高。

（4）复述数字：父母出一组数字，如5489，让孩子重复它，可以从四位数字开始，当孩子感觉容易了，便逐渐升位。当升到十二位时，便不要再升了。每天只能升位一次。可以将这个游戏每天"玩"10分钟，连续玩一个月左右。或在家里把收音机的音量逐渐关小到刚能听清楚的程度，听3分钟后回忆所听到的内容。

4.注意分配训练

注意分配即同时做或想两件或多件事情，并根据所做的事情的重要程度、复杂程度来分配自己的精力。例如，在打篮球时，既要分一部分精力去防守，又要随时想到进攻。注意分配可采用如下训练方法：

（1）让孩子一手写字，一手拍球；或练习双手写字。

（2）让孩子盯住一张画，然后闭上眼睛，回忆画面的内容。例如，回忆画中的人物、衣着、桌椅及各种摆设。回忆后睁开眼睛再看一下原画，如果没有将画中的内容完全叙述，再重新回忆一遍。这个训练既可培养孩子的注意力，也可提高注意更广范围的能力。

（3）听口令小游戏：父母发出口令，让孩子用手指出口令要求的内容。例如：

父母说："鼻子。"孩子就要立即指着自己的鼻子。

父母说："第三颗扣子。"孩子就要立即指向衣服的第三颗扣子。

可以五个口令或十个口令为一轮，每一轮全部指对，则给予孩子一定的积分奖励，激发他们的积极性。

（4）采用"视觉、听觉结合法"对于拉回分散的注意力也很有效。此方式主要是十分专心地聆听时钟的嘀嗒声，然后迅速转移注意力去看书，等到注意力全部集中到看书的时候，打断孩子并要求他迅速把注意力集中到时钟的嘀嗒声。如此反复重做，第一天做10次、第二天做15次、第三天做20次，次数逐渐增多，半个月至一个月后，便可养成专心注意的习惯。

记忆能力训练

记忆即经验的储存、再认和再现，有"记"和"忆"的两个过程。"记"是指识记和保持，即把感知过的事物印在大脑里，巩固储存好。"忆"是再认和再现的过程，需要把以前感知过的事物回忆出来，即从大脑储存中快速寻找出来并再现出来。

记忆按分类不同，可以分成视觉记忆、听觉记忆和动作记忆等，还可分为无意记忆和有意记忆。无意记忆是无一定目的，不需要意志上努力，也没有记忆方法的记忆。有意记忆就是有目的、有方法，有一定意志努力的记忆。人类绝大多数有用的知识都是通过有意记忆获得的。

记忆能力是构成智力的重要原素，而人类的记忆潜力又是巨大的，

一个人在一生中脑储藏的各种知识将相当于美国国会图书馆里面藏书的50倍。 不过，这种记忆力是需要通过科学的训练才能得到显著提高，如教育、训练、游戏等活动，学习运用多种记忆方法，通过训练的方法引导孩子对所记忆的知识组织化、结构化，以此促进记忆能力的提高。

在诸多训练中，信息编码是最有效的提高记忆力的方法，这种编码有的是按信息的物理特征为主，多数表现为"图像记忆"；有的是按语言类别编码，表现为"符号记忆"。在记忆词语概念材料时，人们总是倾向于按语义归类，并组合成一定系统。在编码过程中常常将一组信息归并为一个信息组块，组块可以提高记忆的容量和效率。而信息组块是按照一定的规律组成的，因此，对识记内容进行编码的方法也称规则记忆。

有人做过一个实验：找一个棋艺高超的棋手和一个不会下棋的人，先摆出半盘残棋，让两人看一会儿，就用布将棋盘遮住，让两人回忆棋子的位置，结果下棋能手把残棋全部按原样摆了出来，而不会下棋的人记住的棋子和位置却很少。第二次测试时把棋盘上的棋子无规则地摆放，再让两人看一会儿遮住，这次棋手和不会下棋的人记住的数量相差无几。这表明：第一次下棋能手的成绩好，是因为他用的是规则记忆，记忆方法起到了决定性作用。

1.3岁以下的孩子记忆力训练

3岁以下的孩子生活经验少，训练记忆力，可从掌握周围的日常生活知识中培养，但孩子的记忆需要不断地重复，才能巩固下来，例如：

（1）学拍手：父母按节奏（唱歌、念童谣、放录音）拍手，让孩子认真地听，父母拍完后让孩子把自己听到的拍出来，孩子会学习"认识"声音和节奏，加深记忆。

（2）图复原：首先准备一些小棒，父母让孩子看自己把小棒拼成一个图形，图形拼好后，让孩子看15秒，然后将图形拆掉，让孩子在30秒内复原。

（3）回忆图片内容：父母首先准备一幅适合孩子看的图片，告诉孩子认真看图片中都有什么。让孩子看30秒，然后检查记忆的情况。

（4）跟读：父母朗读一些简单句子，让孩子跟随着读。教孩子背儿歌、背古诗，是训练孩子记忆能力的主要方式。

（5）复述故事：父母把一段简短的故事讲给孩子听，听完后让孩子复述出来，要求孩子至少复述出故事的50%。如果孩子没有达到，应该再进行训练。

（6）介绍亲朋好友给孩子时，帮助孩子记住他们的特征。教孩子记住父母的工作单位名称，家庭住址和10个以上亲戚或父母朋友的名字。

（7）教孩子区分物体运动和静止的状态，如窗口的小花和窗外汽车的对比。

（8）对吃过的饭菜大部分能叫出名字，能认出20种动物，并能模仿几种动物的形象。

（9）帮助孩子区分上下前后，能正确说出一个物体和另一个物体的位置关系。

（10）帮助孩子掌握时间和空间的基本概念，如昨天、今天、明天等。

（11）教孩子认识身边物体的形状、大小、颜色，让孩子接触分类、联想，使记忆敏捷有效。

（12）带孩子去公园观看猴、熊猫等动物，叫孩子模仿它们走路、搔痒痒、吃东西的样子，以训练孩子对事物的回忆及再现能力。再用图片及电视里动物的形象来加强孩子的印象，帮助孩子回想曾经看过的动物。

（13）合成训练法：父母与孩子一起数数，每人依顺序数3个数，如爸爸：1，2，3，妈妈：4，5，6，孩子：7，8，9。

2.3岁以上的孩子记忆力训练

父母要在日常生活中有意识地训练孩子的记忆力，例如：

（1）带孩子去购物时，让孩子数商店橱窗中商品的个数。父母和孩子对比一下，看谁数得对，数得快。也可以增加一点难度，让孩子记住橱窗里商品后走开，过一会儿再回忆，看一看记住了多少。

（2）让孩子在路边用3～4分钟数经过的自行车的数量，最好在交通高峰期。

（3）让孩子看父母做某种家务的全过程，如做菜或者擦车等。做完之后让孩子复述做事的步骤或程序。

（4）让孩子数图片上的星星，如果孩子在数的过程中数重了或者漏数了，父母要告诉孩子，数重了要重新数。

（5）让孩子说出以前见过的两种或两种以上颜色的东西。以白色和绿色为例，父母可让孩子分类回忆，如说出白色的云彩或绿色的树叶等。

（6）父母与孩子一同制订第二天要完成的计划，并在第二天要求孩子独立完成相应的计划，父母一定要随时跟踪，确保所有的计划都得到实施。

（7）带孩子去一个比较陌生的地方，让他自己发掘所发生的新奇的事情，然后回到家将观察到的事物复述给其他人，父母需要在一旁以启发的形式提醒孩子遗漏的事情。

（8）在跳棋盘上摆几个棋子，让孩子观察1分钟，然后将棋子拿开，让孩子按照原样摆出。刚开始不要太多，3～4个棋子即可，当孩子慢慢熟悉之后可逐渐增加棋子的数量和摆放的复杂程度。

（9）让孩子用1秒钟观看一组数字，然后让孩子再重复说一遍。

第一关：五位数：47826 73147 88477

第二关：六位数：984432 973921 904856

第三关：七位数：7363924 7489593 7762649

第四关：八位数：47829404 38987511 76334456

第五关：九位数：389875198 971405128 887314255

（10）父母临出门之前问孩子需要什么东西，例如，妈妈说："你想吃什么东西？"孩子会回答出很多食物，如水果、糖、雪糕等，然后妈妈一定要认真地说："妈妈回家的时候会带给你的，你一定要记住你提出的好吃的！"当父母回家后，不要急于将食物拿出，而是先问孩子他曾经提出想吃什么，每说出一样就拿出一样。

（11）在给孩子讲故事时，重点内容要着重强调，在讲完故事之后向孩子提出问题，问题应紧紧围绕着故事的主要内容。例如，《小蝌蚪找妈妈》，父母可以提问"有几只小蝌蚪""它们在找妈妈的时候都遇到了谁""它们在哪里找到了妈妈"等，并引导孩子将这些问题的答案串连在一起，重新组合为一个故事。

（12）回忆物品：拿出两三个玩具，如手枪、熊猫、小狗，先让孩子逐一说出这些玩具的名称，然后当着他的面将这些玩具装进一个盒子里，让孩子想一想里面都有些什么，等他说完以后，再将玩具拿出来，看孩子是否说对了。

（13）在父母跟随的情况下，父母可以让孩子去附近的超市购买几样小东西，如肥皂、火柴或者饮料等，并告诉孩子应当付多少钱、找回多少钱，看孩子能否记住并完成任务。

（14）在孩子面前摆出很多近似字，如"清""睛""晴""情"等。然后将所有近似字顺序打乱，重新提问。

（15）用连锁记忆力的方法锻炼孩子的记忆能力，这种方法是将很多独立的信息联系在一起，从而成为一个完整的板块。例如，父母给孩子摆出一些词语，如"汽车""路灯""石头""小鸟""垃圾桶"，然后将这些词语联系在一起。首先，先教孩子把"汽车"与"路灯"联系起来，如"在路灯下，有一辆汽车开过"；其次，将"汽车"与"石头"联系起来，如"汽车在开动的时候，压到一块石头"；再次，将"石头"与"小鸟"联系在一起，如"石头飞出去，惊起一只小鸟"；最后，将"小鸟"与"垃圾桶"联系起来，如"小鸟飞起后又落到垃圾桶上"。如此这般，孩子就能够将原本并不相关的词语联系在一起，并能充分发挥想象力，编成一个具有完整情节的故事。

（16）给孩子两张图画，这两幅图既有相同之处又有不同之处，先让孩子看一幅图1分钟左右，然后再从第二幅图中找出二者的区别与相同之处。

（17）父母依次做几个动作，让孩子注意看，然后让孩子按顺序重做出来。例如，父母叠衣服，先叠左袖，再叠右袖，最后将衣服折好放到柜子里。又如，父母收拾桌子，先将铅笔放到笔筒里，再将书本插回书柜里，最后将玩具按顺序摆好。这样的训练不仅可以增强孩子的记忆能力，还可以培养孩子的生活能力。

语言能力训练

孩子的语言能力训练至关重要。语言是人类特有的一种能力，也是孩子智力发展的基础，语言发展得越早，智力发展就越好，智商也就越高。孩子语言发展的敏感期为0~6岁，其中2~3岁为口头语言的敏感期，3~4岁半为书面语言敏感期，4岁半~5岁半为阅读的敏感期，不过孩子语言能力发展的最重要阶段还是6岁。在这个时期，孩子对语言、语法体系已基本掌握，此时父母若能够对孩子进行词汇量的扩充、口头表达、书面兴趣、阅读能力进行科学的训练，可取得事半功倍的效果，这就是孩子学习方言或者外语很快，但成人却非常吃力的原因。

1.引起语言障碍的原因

在现实生活中，总有一些孩子不会说话或推迟说话，其原因有以下几种：

（1）感觉刺激不够：孩子语言出现这些现象的原因很多，主要是因为孩子的视、听、嗅、味、触未接受足够的信息刺激，感觉统合失调导致。例如，孩子由于听觉系统受损或部分缺陷，导致孩子聋哑，这样的孩子须尽早进行医疗听觉修复或在特殊聋哑学校接受教育。

（2）中枢神经发育不良：人类的语言中枢神经广泛分布在前庭及中枢神经，当孩子的前庭觉、平衡觉和触觉各不同区域出现失调后，会造成构音系统的神经统合严重失调或发育迟缓，严重影响孩子的正常发音，从而出现不同程度的语言发展障碍。不过，无法发音并非孩子的智力有问题，相反，这些孩子在其他领域，如动作发展、认知理解能力、社会情感、注意力、自理能力等都发展得较为正常，所以容易被忽视。

（3）缺乏语言环境：生活环境语言缺乏，孩子严重缺乏语言学习和锻炼的机会，导致孩子不会说话，如狼孩的故事。父母应为孩子多提供语言环境，并给予科学的语言训练，早早激发孩子的语言学习，以免影响孩子的发展。

（4）智力、精神发展存在障碍：如自闭症、智障孩子，他们到底什么时候能说话就很难说。国际对自闭症患儿研究显示，经训练的患儿50%有终生失语的危险，所以父母应尽早带孩子去医院检查诊断，确诊后立刻进行训练。一般情况下，6岁前的孩子通过科学训练，能很快恢复语言功能，但6岁以后开始训练所产生的效果就会大打折扣。

2.语言能力训练

扩充孩子的词汇量，发展孩子的语言组织及口头表达能力，并培养孩子热爱科学的人生观。

（1）0～3个月：孩子已能对声音刺激有感受并作出反应；能区分语音和其他声音；能对别人话语中流露出的感情作出反应，如当听到爸爸愤怒的声音时，孩子就会表现出害怕甚至哭泣；后期能区分爸爸和妈妈的声音，还能区分其他男人或女人的声音，也能知道是熟悉的声音还是陌生的声音；能发出一些单音节声音，如a、ai、ei、e、i、ou等。

如果孩子情绪较好，父母可与孩子面对面，中间保持20厘米的距离，并尽量将孩子的注意力集中在自己的脸上。当孩子紧盯着自己看时，爸爸或者妈妈无须说话，既可以用眼神与孩子进行交流，也可以做出各种表情（如吐舌头、扮鬼脸、微笑等），并使孩子有所表示，模仿相关的动作，从而使脸部和口腔的肌肉得到锻炼。

①这个时期父母要经常和孩子说悄悄话，使孩子有尽可能多的机会感受语言的美丽，并从语言交流中获得积极的体验。悄悄话的对象不一定只包括2岁以上的孩子，对于刚出生的婴儿或者尚未学语的孩子，父母要"一视同仁"。悄悄话要用标准的发音，吐字要清楚，音调要柔和且富有韵律，可结合孩子当时的具体情况进行。例如，孩子哭闹时，妈妈可以亲切地问："发生什么事情了？"当孩子摔倒时，爸爸可以用豪爽的口吻说："站起来，像个男子汉一样！"尽管孩子对于这些话可能并不完全理解，但是他会从中得到前所未有的体验，这对于孩子语言的开发十分有益。

②尽早逗孩子笑，即使从刚出院的第一天起，经常笑的孩子面部肌肉以及各个器官（如眼、耳、口、鼻、舌等）都能得到充分的锻炼，使之协调一致，这对于日后的语言发育起着推波助澜的作用。此外，笑还能够使宝宝产生快乐的情绪，在这种情绪下能够很快学习任何东西。根据一组数据显示，婴儿常在10~20天左右学会逗笑；有的孩子第三天即会笑，其6岁时的智商为180；如果42天仍不会逗笑，应当密切观察；到56天还不会笑，就有智力落后的可能。所以，父母一定要尽早逗孩子笑，并且定期记录，随时调整方案。

③在孩子啼哭时，不要试着阻止或者急于哄抱，而是在不影响健康的情况下让孩子多哭一会儿，因为哭能够锻炼孩子的肺活量和口腔肌肉，对于学说话非常有帮助。在孩子啼哭之后，父母发出与孩子哭声相同的声音，如果孩子感到好奇就试着再发出其他声音，父母也应当模仿孩子的发音与之"对话"。如此一来，孩子就会因为被"对话"吸引逐渐停止哭泣，此时父母可以变被动为主动，主动发出"啊""噢""咿"的声音，并引导孩子重复，使其掌握元音。如果孩子发音正确，父母应当重点重复他所发出的元音，语气要肯定，使孩子听出赞扬的口气。

（2）从孩子4个月起，他能听懂一些比较简单的语句，尤其是在听到一些熟悉东西或人称时，能作出较明确的反应。例如，意识到讲话的语调和节奏；发音明显增多，除了单音节以外还有多音节；除了韵母以外还会发声母。另外，还出现了一些近似意义词的发音，如"ba ba（爸爸）""ma ma（妈妈）"等。这个时期父母要经常与孩子说话，经常让孩子听父母的交谈，但不应在孩子面前说粗话、脏话或难听的口头禅等。

（3）当孩子到9个月时，成人能发的音他基本上都能发了，不仅可以发出连续的音节，发音的音调也有了明显的变化，尽管可能含混不清，但已经接近人们的平常说话。而且，对于一些发音与特定意思能够联系在一起，如"ma ma"是指妈妈，"ba ba"是指爸爸。到快满1周岁的时候，孩子的辨别力和理解力已有了明显的发展，比时，他们已能听懂绝大多数的简单句了。

（4）在孩子会说话之前，父母还应当启发他说话的愿望。例如，当孩子指一下桌子上的香蕉，表示吃的意愿，此时父母不要简单地将香蕉剥好皮递给孩子，而是要问："是不是想吃香蕉？"在得到孩子明确的肯定后，接着问："喜欢吃香蕉吗？"对第二个问题并不一定要得到孩子明确的回答，只是为了引起他的注意。

（5）当孩子处于1～1岁半的时期，他已经掌握了少量常用词汇，并可以使用这些词汇来表达一定的意思，如用"面包""妈妈""爸爸""爷爷""奶奶""小鼓""袜子"等词，用来代替想要表达的整个句子。此时，父母一定要一点一点地引导孩子将自己所掌握的词语连接起来，构成一句话的主要框架，为此父母应当做到：

①使孩子的生活环境丰富、有趣。

当孩子用单个的词汇表示某种意思时，不要立刻满足他，而要设法让孩子尽量增加词汇的运用来表达自己的愿望，哪怕只用简单的一句话。

②父母与孩子说话时应注意自己的情绪，不要在孩子面前说一些垂头丧气的话，说话时一定要精神饱满、充满活力，给孩子树立一个良好的榜样，使他认为说话是一件愉快的事情。

③父母要时刻注意提高自己的语言素养，因为正在学说话的孩子就像是一台复印机，他无法分辨好坏，只能将爸爸妈妈的一言一行都烙印在自己的脑海中，如果父母整日脏话连篇或者牢骚不断，会对孩子造成非常负面的影响。

（6）当孩子处于1岁半～2岁的时期，他已具备了最初级的说话本领，能用简单的话来表达自己的意思，如"孩子睡觉""妈妈走""孩子吃了"等，此时父母应当做到：

①不要因为觉得儿语有趣而学孩子说儿语。

②当孩子出现不正确或不良的语言时，父母无须刻意纠正，而是反复在孩子面前表达充分、准确、标准的话。

（7）当孩子处于2～3岁时期，随着词汇量的扩大和所掌握的词种类的增多，他的说话能力有了很大的发展，此时不仅会简单地模仿的话，而且乐此不疲，并进行各种各样的提问。面对这种情况，父母应当做到：

①要经常和孩子玩学舌的游戏，让孩子重复父母说的话，如一些简单的绕口令，并与孩子比赛谁说得最准确，绕口令的语速不宜强求过快，正常速度即可。

②对孩子的提问要耐心回答，不要觉得孩子什么都不懂就不理睬。

当孩子提出一些父母不能回答或难以回答的问题时，也不能采取生硬的态度制止孩子提问，而是要用反问的形式引导孩子提出自己的看法，转移其注意力，待查到相关答案，再以提问的形式不经意地告诉孩子。

如果孩子对相同的问题反复提问，父母也不能反复回答，而是在回答两次之后，帮助孩子好好回忆答案，在锻炼其语言能力的同时训练他的注意力。

（8）当孩子处于4～6岁时期，他已经学会大量词汇、句子，并能熟练阅读、运用，可以自己编一些简单的故事。此时父母应注意：

①当孩子在编故事时，不要注重故事情节，而是要注意孩子的语句读音是否标准。

②仍经常给孩子讲故事，但故事的内容应稍复杂一些，并要求孩子将主要内容复述出来。

③让孩子每天用简单的语句记日记，多与孩子进行字条交流，如"孩子，你今天做得很好""妈妈爱你"等，并在临睡前与孩子一起读出来。

④让孩子每天阅读一定量的图书，如果书上带有很多彩图，可以让孩子将彩图用文字的形式描绘出来。

图形识别能力训练

图形是个最基本的概念，也是孩子从出生开始就接触的事物，只要睁开眼睛就可以看见各式各样的图形。对孩子来说，图形的认知其实并不复杂，远比路径的识别简单得多。之所以成人认为图形复杂，是因为要定量比较角、边之间的某些关系，要求对图形各部分之间的联系有深刻的认识，并通过一串等量关系，一系列条件的确认才能得到。所以，这之间的逻辑推理远远高于算术，但这样的认识对于孩子来说不可能做到，也毫无必要。所以，孩子进行图形识别并不复杂，不需要定量比较

角、边之间的某些关系，只要记住物体的大致形状就可以了。那么，图形训练怎么进行，有什么作用呢？

图形的认知是一个反复刺激和记忆对象特征的过程。平时生活中，孩子接触的正方形、长方形较多，频繁的刺激已在大脑里成型，所以对此的概念接受远比四边形容易。一个孩子在幼儿园上课时，第一次见到老师拿出的非直角平行四边形时，她会喊出"歪倒了，快扶起来！"孩子的脑子里有了先入为主的概念，把平行四边形归为"斜倒的长方形"，一下子难以接受平行四边形的概念。

所以，图形识别的作用就是让孩子分清"某一类"和"属于某一类"的区别和联系，能认识整体的共性和单一对象的个性。也就是说，只要有了基本的归类思维，知道运用一种规则去对比对象，就可以毫无难度地识别图形。

不过，图形的组合分离是个动手实践很强的项目，与其空说，不如将各种各样的图形交给孩子，让他自己去探索发现规律，效果一定更好。

例1：孩子也许会自己发现6个等边三角形可以拼成一个正六边形，很感兴趣地拆开再拼，反复几次，然后记住了。还可以拿张圆纸，让孩子剪成半圆，再把其中的半圆剪成3块，把另一半圆也剪成3块。拿起其中的一块去和三角形的一个角比大小。一步步来启发孩子，每个孩子年龄不同，需要启发的程度也不同，但要注意一点，必须把最后发现宝藏的喜悦留给孩子。

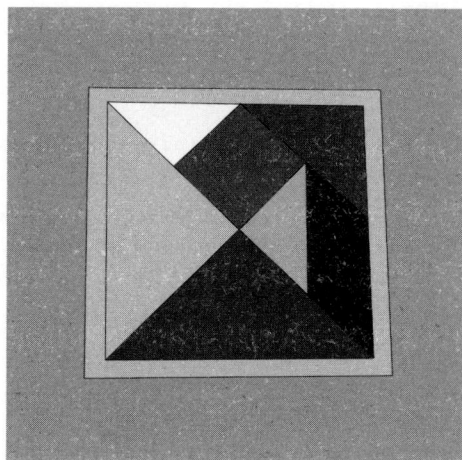

例2：适合孩子玩的简单游戏七巧板。孩子玩七巧板能增强注意力和识别图形的能力，培养观察力，丰富想象力，发展孩子对物体形状的抽象思维能力，并能激发孩子对图形的兴趣。另外，七巧板拼出的图案都在似与不似之间，仔细玩味，有很高的审美价值。七巧板的制作很简单，硬纸片、塑料片、三合板、有机玻璃等均可作为材料。取边长6厘米（边长可随意取定）的正方形材料，在上面画好七巧板块图，照图形线条裁剪即可。七巧板游戏要求拼摆的每个图案，都是由七块固定大小和形状的板块组成；不能因图案的简繁或大小，而对七巧板块的多少和形状有所增减或改变。

例3：父母可以制作一个图板，上面画有不同形状的轮廓，并准备相应形状的纸板，让孩子根据图板上的形状选出和添入相应的纸板，以此来训练孩子区分和识别图形的能力。

图形的世界是千变万化、丰富多彩的，有无穷的巧妙组合，图形的训练是个动手实践的过程，放手让孩子去玩，会让孩子也会让父母万分惊喜。当孩子每完成一个步骤时，父母要及时给予肯定和表扬，以增加孩子的兴趣和自信心。

颜色识别能力训练

孩子的视觉感受的发展相对较早，在1岁半时就能区分简单的颜色、形状和大小，能认识红颜色、大小和圆形。到了2岁左右，孩子对颜色的视觉更为敏感，他可以区分红、绿等颜色，并可以分辨圆形、方形、三角形等简单形状。父母应该抓住这 ·时期，对孩子进行颜色、形状的感知训练，使孩子能从颜色、形状、大小去区别每一件事物的差异，从而逐步培养、锻炼和提高孩子分析辨别事物的能力。

例1：父母可以教孩子认识和区分颜色，一般按红、黄、蓝、绿、白、黑的顺序逐一进行教育训练。在日常生活中，孩子接触最多的是玩具、食品、家庭用具等，所以，父母可以经常不断地将这些物品的颜色名称教给孩子，经过反复强化就可以使孩子逐步认识越来越多的颜色。

例2：还要多借助玩具，加强对孩子颜色和图形的识别训练。彩色板

拼图、几何图形桶、七巧板等就是开发这种能力的玩具。父母也可以自己制作，方法很简单，将硬纸板剪成不同的形状并涂上不同颜色即可，然后让孩子在游戏中识别。开始的时候，孩子也许只能借已知的颜色来区分不同形状的彩色纸板。当孩子的识别能力达到一定程度后，就可以将圆形、正方形、长方形、三角形等彩色纸板混在一起，让孩子辨认和挑选。

例3：几何图形桶也是训练孩子识别形状和色彩的好玩具，桶上有不同形状的小洞，另有相对应的不同形状的小块并涂有不同的颜色，或者其上有不同的小动物，当孩子将不同形状的小块放入相应的位置时，父母可以模仿小动物的叫声，或以口头表扬，或以物质鼓励的方式，增加孩子的学习兴趣。

空间感觉能力训练

空间感觉能力即所谓的空间感，就是人对由点、线、面所构成的事

物的深度、层次的感知能力，是借助于感觉器官的主动运动性，来识别方向、远近、身体位置，辨认物体的三维的位置和配置，是对事物立体、宏观的把握。空间感与每个人的生活都是息息相关的，如辨别方向、看地图、数学及自然科学的学习等，好的空间感知能力，还会扩大孩子日后的择业范围，如建筑师、工程师、航空飞行员等。但空间感不是与生俱来的，而是在生活中不断营造、树立、培养起来的，其中以视觉（视空间）和触觉（触空间）最为重要，而听觉和位置觉、运动觉等本体感觉也参与空间辨认。例如，依靠双耳听能很好地检测声音的方向，依靠双手、两指能很好地检测物体的厚度。

从小培养孩子的空间感，使孩子及早领会位置和方向的含义，对他们的健康成长十分有益。而"生活"本身就是一个大课堂，孩子挚爱的游戏玩耍，更是培养空间感的最好教材。可采用的训练方法如下：

例1：走迷宫、拼图等游戏：让孩子在尝试、探索、思考、寻找解决方案的过程中，在手、眼协调的配合下，感知空间、方位的意义。

例2：积木游戏：在简单的拼搭中，孩子的空间感觉能力也会在不知不觉中得到提高。因为积木帮助孩子认识了三角形、圆形、方形等空间基本元素，同时还帮助他们熟悉和创造出三维空间，真真切切地感受到了空间的存在。

例3：折纸手工游戏：一张纸经过不同的折叠方式，便会出现不同的形状、不同的样式，由平面、单调的一张纸变成一个立体、生动的图形，在这神奇的转变中，也加深了孩子对空间的理解，有利于培养孩子手、眼协调的能力，对培养孩子空间感也很有意义。

例4：和孩子一起回家的路上，经常给孩子指指方向，说说这里的环境，告诉孩子东西南北的概念，了解前后左右的含义，并不断给孩子讲解回家的路要怎么走，如直走、左拐、右拐等。当孩子熟悉了这周围的环境时，不妨试着让孩子当你的向导，在有趣的带路游戏中，使孩子感受空间的乐趣。

例5：泥巴游戏：先在家里地板上画一个很大的圈，在圆圈中间放一块红色方布，告诉孩子这代表家，并问问孩子住在哪里，每天是怎样回家的？然后用印模给"家"安上大门，并问孩子："你每天从哪里进到家里？"可以让孩子走一走，注意不要碰到两边。

在"家"四周放一红色方布条作为通道，引导孩子说说自己从哪条路走回家的，走走看。各个方向的拓展通道用印模摆放小区大门，引导孩子看看自己回家时走过的路。说说回家时一路上看到哪些东西，如人、树、房子等。

用手将泥团团圆与搓长，将他们放在道路两旁与道路中间，分别表示树与人。然后给孩子一些泥，指导他团圆与搓长，并放到地图上。

当一切都完成后，可以凭借这个立体地图，教给孩子如何辨认方向、距离、位置等不同空间，在游戏的过程中使用指南针会取得事半功倍的效果。

逻辑思维能力训练

逻辑思维又称抽象思维，是人脑不借助任何动作和表象，对客观事物所产生的概括的反映。逻辑思维分为两种，一种是工人、农民运用生产经验解决生产中的问题属于经验型逻辑思维，抽象水平较低；另一种是科学家和理论工作者的思维多属于理论型思维，是以理论为依据，运用科学的概念、原理、定律、公式等进行的判断和推理，其抽象水平较高。

对于孩子来说，理论性逻辑思维比经验型逻辑思维更重要，因此，在训练时父母要注意对孩子右脑的开发，提高孩子随机应变的能力、快速反应能力，像经常说的，学东西不要死记硬背，要"活学活用"，要"举一反三""触类旁通"等，都是对逻辑思维的训练。原因很简单，因为它调动了抽象思维，它能够让孩子对事物的注意力脱离其表面和本身，而向更广阔的范围伸展。虽然孩子的思维受年龄和阅历限制，很难领会到逻辑思维带来的乐趣，但在父母正确的指引下，这种思维就会逐渐形成，从萌芽状态长成一棵参天大树。

有人做了一个实验：点燃一排蜡烛，然后从水缸中舀水将其浇灭。猩猩反复看了几次以后，居然也能模仿。然后这个人将猩猩牵到河边，又点了一排蜡烛，结果猩猩显得无动于衷，并没有从河边舀水将蜡烛扑灭。为什么同样是水，猩猩却会表现出两种截然不同的反应？这是因为猩猩没有"水"的概念，它不懂得河里的水与缸里的水是一样的，就像是被上弦的玩具人，如果没有人帮助它改变方向，即使撞到沙发也依然重复向前行走的动作，而不懂得换个方向。

但是人就不一样了，具有紧密的逻辑思维，不仅能够从很多事物中挑选最有用的东西，还会对此进行多种变换，使其更便于使用。不过，逻辑思维并不是一开始就非常完善，它需要在人的成长过程中逐渐走向成熟，并在日常生活中得到实践。例如，孩子淘气地用手摸蜡烛，当感受到火的灼热后就立刻认识到要离这种危险品远一点，并且在遇到火炉、煤气灶甚至未点燃的蜡烛时，也会"退避三舍"，因为显然自发地形成了这样一种朦胧意识：那些东西也是蜡烛，也会烫人的。这种朦胧意识十分可贵，因为它已经自发地从同类事物的个体中抽象出了该类事物的共性。

又如，孩子一开始也许搞不清太阳和西瓜、西瓜与苹果之间的差异和共通性到底在哪里，但经过图像训练、味觉训练后，他会明白：西瓜和苹果都是甜的，太阳不能吃；太阳、苹果和西瓜都是圆形的，而且大小不一，同理，月亮虽然也是圆的，但它同太阳一样是不能吃的。

不过，对于一些比较枯燥的逻辑思维练习，最好还是让孩子亲自动手完成，使他的大脑受到足够的刺激，就会起到事半功倍的作用。这就好比告诉孩子"海水是咸的"和让他亲自喝一口海水，这种学习感受的丰富程度是完全不同的。例如，三角形对于孩子来说很容易理解，他们会理解为房子屋顶的形状或山的形状，但是告诉孩子两个三角形可以组成一个四边形，孩子们就很难理解，但利用积木让其动手体验就会产生不一样的效果。下面就介绍具体的练习方法和注意事项：

1.具体练习

（1）经常利用各种时机有意识地向孩子发问，让他进一步思考作出回答，然后再问他为什么会这么想，一定要打破砂锅问到底，从而养成孩子思考的习惯。

（2）做归类训练：先列出小狗、草莓、辣椒、蝴蝶、苹果、苦瓜等，要求孩子分别把它们归入"动物""水果""蔬菜"的类别中，使孩子初步判断掌握事物的属种关系，粗略地知道它们之间的区别与联系。

例如，"从总到分"式的推理：①水果非常好吃。②草莓、苹果是水果。③所以草莓和苹果非常好吃。

又如，"从分到总"式的推理：①小狗和蝴蝶都是动物。②小狗有四条腿。③蝴蝶有两只翅膀。④动物有四条腿或者两只翅膀。

温馨提示：为了增加分类的趣味性，父母可以用硬纸片或者塑料片制成动物、水果、植物或者几何物体的图片，在进行归类训练的时候可增加孩子的兴趣，同时还有助于提高孩子动手做的能力，根据命题进行归类训练。

（3）讲述故事是训练孩子思维很好的途径，但不要一天讲完，而是分为五天去讲。

第一天，请孩子看一遍父母事先为他选好的故事书。告诉孩子故事的名称，并提问："这本书上画了谁？猜猜他们在干什么？"等孩子看过一遍后，父母再与他共同认识图书中的重要角色，并帮助他记住故事的名称。

第二天，父母与孩子共同读书，并声情并茂地讲一遍故事，一边讲一边用通俗易懂的语言解释孩子不易理解的字词的含义，并对故事内容进行必要的讲解。最后，与孩子初步地讨论故事的教育意义，可问："你喜欢谁？为什么？"

第三天，父母再次声情并茂地讲述一遍故事，遇到生字或生词时故意停顿，让孩子说出。复述时，可教孩子说故事中角色的对话，注意区别不同的声音、语气和语调。

第四天，讲述第一遍时，父母讲出故事中的叙述部分，孩子接对话部分；也可由父母说上半句，孩子接下半句等。复述时，父母与孩子一起边看书边完整讲述故事，可以采用父母大声讲述，孩子小声跟讲的形式进行。

第五天，脱离图书，鼓励孩子在家人面前讲故事，若有遗漏可适当提示。当孩子讲完后应及时表扬，并将孩子已学会故事的情况反馈给老师，让孩子在同伴面前讲故事。

（4）续编故事结局法：讲故事时留个尾巴，让孩子自己去猜测想象，并鼓励孩子对一个故事编出不同的结局，结果可有悲有喜，最主要的是结局一定要富有新意、令人意想不到。

（5）情景设疑法：一位小朋友和家人一起去乡下玩，路上碰到一位好心的爷爷，答应给他们西瓜吃。当他们快到瓜田的时候，发现由于几天前的大雨，瓜田前方有一个一米多宽的小水渠。当父母讲到这里时，立刻问孩子："如果你是那个小朋友会怎样做？"当孩子回答出来后，再问他："还有其他更好的方法吗？"如此反复，能够激发孩子思维的积极性，他们会融入特定的情景中想出各种办法来。

（6）填充法：准备一张画有一个简单图形的纸和一支彩色的笔，让孩子以这个图形为标准，尽量多地画出不同的图画。例如，圆形可以画出西瓜、太阳、圆形的房顶、甲壳虫等，三角形可以画出风帆、尖形房顶、狐狸的脸，等等。孩子在画画的过程中会一边思索、一边填画，不仅有助于思维灵活性的培养，对扩散性思维也有很大帮助。

（7）连锁提问法：针对孩子容易按照某种程式思考问题的毛病，可采用连锁提问法。例如，先提问"10-1=？"如果孩子能够顺利回答"等于9"，则接着提问："石榴树上有十个石榴，摘了一个，还有几个？"孩子回答后，接着提问："石榴树上有十只小鸟，用弹弓打下一只，还有几只？"如此反复提问，使孩子明白虽然问法一样，但是所得出的结果可能是不同的。经过多次训练，孩子可以养成对具体问题作具体分析的良好思维方法和习惯。

（8）弈棋法：思维训练还可以采用对弈的办法进行。例如动物棋，棋子只有八个，四个白兔子，四个黑兔子，棋盘是由横竖四条直线组成的九格方盘。玩的规则是：只有在一条直线上两只同样的兔子，才可以吃掉对方紧挨的一只兔子。孩子棋虽然很简单，但能使孩子从一连串的胜利和失误中，学会全面看问题、相同结果不同方法，学会以退为攻与灵活机动处理问题的本领。

（9）让孩子亲自拿5个重量不一的袋子比较，其中大袋子里面装的是棉花，小袋子里面装的是小米。然后，让孩子按照从重到轻的顺序排列，并告诉他们不要被眼前的表面现象所蒙蔽，大袋子的不一定最重，小袋子的不一定最轻。这样交换几次填充物之后，就会使孩子慢慢懂得无论做什么事情一定要好好思考，然后再作出相应的判断。

2.注意事项

训练孩子的逻辑思维比其他训练更加困难，因为孩子的思维尚处于朦胧阶段，所以会产生一定的抵触情绪，这就需要父母在训练时要注意一些事项。

（1）在进行思维训练时，父母一定要事先向孩子提出一个明确的目的，不能跟着孩子的兴趣走。

（2）如果父母对故事中的生僻词拿不准，一定要事先查好字典，避免误导孩子。如果故事比较枯燥，父母可以对故事进行再加工，使情节更加生动有趣。

（3）当孩子已经掌握了利用具体的物品进行思考的方法时，父母可用一些抽象的东西代替，继续深入培养孩子的思维能力，如小雨点、小雪花、尘土等。

（4）以故事举例时，内容应当由浅入深，主人公既可采取拟人化的动物，又可以借用孩子周围人的名字，让孩子产生更大的兴趣。初学的故事篇幅不宜太长，以后依发展情况逐渐增加难度。

（5）不要用父母的权威压制孩子，而是鼓励他自由地提出各种问题，尤其是一些经验问题，当孩子凭借自己微薄的经验发表自己的看法时，父母一定要表示出非常感兴趣，且耐心地听孩子的解释，并提出自己的意见。这样能使孩子对客观事物的浓厚兴趣转变为强烈的求知欲望，刺激大脑进行积极的思维活动。

（6）尽量扩大孩子的视野，而不能使其局限在一个小方块中。在进行训练时，可根据孩子的具体情况从各个领域寻找相关的问题，丰富其知识范围。当孩子的见识多了，其思维活动便能在丰富的感性认识的基础上更加积极地开展起来。

（7）如果对于某一问题孩子不甚明白，父母一定要详细解释，并提出若干相反或者相近的内容，使其对这些知识进行充分的理解，这是提高孩子思维能力的一个重要前提。因为孩子对不理解的东西，是很难进行积极思考的。

（8）在训练过程中，父母应当有意识地掌握一些思维方法，如概括、总结、归纳、分类、比较等。

（9）在日常的对话中，经常使用一些相互之间具有逻辑关联性的词语，如"因为""所以""即使""但是"等表达法，可以让孩子知道事物与事物之间是存在关联性的，不管这种关联性是相反的还是相关的，都有其存在和发展的原因、目的，从而为孩子了解世间万物打开了一扇知识的大门。

观察能力训练

观察是根据一定目的进行的有组织、有比较的持久感知过程，是记

忆、分类、推理等认知过程的结合，观察能力则是进行记忆、分类、推理的能力。孩子观察能力的强弱，直接关系到学业成绩的优劣。苏联教育学家赞科夫通过研究发现，学习不理想的学生通常观察能力较差，无法发现知识之间的共同点和区别，所以在学习时往往走了不少弯路。由此可见，观察能力就是一种学习能力，所以培养孩子的观察能力是非常重要的。那么，良好的观察力具有哪些特点呢？在训练时又需要注意什么呢？下面就详细介绍。

1.良好的观察能力具有下列特点

（1）观察具有明确的目的性。

观察一般是针对特定的事物，想要达到一定的目的而进行的。例如，孩子睁开眼睛看着父母，就是想了解父母是谁，为什么会在这里，然后继续观察父母的脸、颈、肩，想要了解父母的整体形象。

（2）观察具有顺序性、条理性。

观察的感知一定会有先后顺序，或前或后，或远或近，或上或下，或左或右，就像上面例子中的孩子观察父母时，必然是先观察近处的脸，然后观察全身。

（3）观察具有理解性。

观察不只是简单地看，而是需要思维和理解，即善于发现某种事物的特征，善于发现事物之间的联系。例如，年幼的孩子看到父母之后，就会根据二人之间的谈话、动作来判断他们的关系，或者父母为什么会在这里等。

（4）观察具有敏锐性。

观察一般需要细心、细致，善于发现一般人所不易发现的或容易忽略的东西。孩子之所以对母亲的情绪变化比较敏感，是因为他从母亲的表情、语调、动作中找出与以往不同的东西，然后进行分析得出的，这些细节通常是成人所忽视的。

2.观察能力训练的要求

在训练孩子的观察能力时，不妨与记忆能力训练结合起来进行，达到事半功倍的效果。这样做的目的在于，让孩子在观察之后不能光看看就敷衍了事，而是要开动脑筋，将观察到的东西牢记在脑海中，然后运用逻辑思维、语言能力将其按照不同分类进行归纳，并用生动的语言将其复述。

（1）初级阶段。

利用日常活动让孩子学会观察，这是孩子理解能力发展的最初一步。

①训练孩子有目的地进行观察，以保障最基本的观察效果。例如，让孩子观察种子发芽成苗的过程，然后围绕种子是怎样发芽这一主题，设计出一系列的观察活动，并要求孩子注意种子发芽的时间、温度、叶片的颜色、形状等。然后根据这一主题用生动的语言将种子发芽的过程按顺序叙述，从而获得对事物完整的印象。

温馨提示：开始阶段孩子往往注意力不够集中，容易受到不相干的事物干扰，从而忘记观察目的，这时需要父母及时督促和耐心引导。

②教孩子按空间顺序观察事物，比较不同角度观察结果的异同。例如，将相同的风景在不同的角度用照相机照下来，洗成相片，但不要告诉孩子这是相同的风景，而是让其先仔细观察，说出其中的相同点，再一点一点地引导其向正确的答案靠近。通过这个训练，能够帮助孩子有

计划、有顺序地观察事物，从而把握观察对象的整体和实质。

③教孩子按一定的顺序观察事物，克服观察时丢三落四的毛病，从而提高他观察的全面性。按被观察事物的不同结构组成部分的次序进行观察。例如，在观察图片时，要给孩子制订一个规则，按照画面上事物的远近、大小、颜色深浅等顺序叙述。当按照特定的顺序时，画面上的事物所处的位置具有跳跃性，会给孩子的观察带来一些难度，但同时也会取得更好的效果。

（2）中级阶段。

在孩子形成观察习惯之后，重要的就是教孩子观察的方法，为孩子进行视觉上的理解奠定基础。

①对事物的重点观察是孩子在观察能力训练中级阶段所学到的知识，目的是训练孩子对事物主要特征的了解，以便在观察时得出更深入的结论，从而加深对观察物体的记忆。例如，让孩子在一幅画中找出最复杂的图案，当孩子找出来后向他提问："为什么你会选择这个？"孩子就会在父母的引导下回答出选择某一个图案的理由，在发表意见时对该图案就有了深刻的了解。这种训练是针对一些人在观察时通常分不清主要现象和次要现象，或者只注意那些有趣的、奇特的、自己喜爱看的现象而忽视主要内容而言的。

②在对同类事物观察时，教孩子抓住观察对象的个体特征。通过观察物体的差异，促进孩子的视觉理解能力进一步深入，向更细致的方向发展。例如，将两只小狗的照片摆在孩子眼前，告诉他："这两只都是小狗，你能看出它们有什么不同吗？"让孩子从小狗的局部开始分析，进一步说出每只小狗的形状、毛的颜色以及组成部分（如头、

躯干、腿等），接着说出每只小狗的一些明显特征。

③要求孩子把观察到的结果记录下来，即使只有简单的几个字或者几句话，也要给予鼓励。这样做的目的有两个：一方面，通过对观察到的事物进行系统化组织，能够提高孩子分析思考问题的能力；另一方面，将观察到的事物记录下来，能够帮助孩子养成良好的观察自觉性，并提高孩子对观察的兴趣。

（3）高级阶段。

在观察之后学会分析、综合、判断，促使孩子视觉理解的提高。

①认真观察和研究观察多种对象，找出不同事物之间的异同，并分析其间的关系，提高孩子的观察分析、思考、概括、归纳能力。例如，带着孩子出门，一路观察行人、汽车、高楼大厦等，从中找出相互之间的不同之处和关联性，并运用语言将它们联系在一起，构成一个有情节的故事。

②观察与思考相结合，在不同时间、不同条件下对同一事物进行间断的、反复的追踪观察，以了解事物的发展变化过程，掌握其规律，从而对类似的情况作出准确分析和判断。例如，带着孩子坐公交车，但公交车的路线应当不同，父母可以引导孩子观察公交车内部的特征，并帮其找出每辆公交车中的细微不同之处。接着，再将观察的结果扩大到所有的汽车甚至轮船、飞机内部，运用比较、分析的方法得出符合规律的认识。当然，轮船和飞机的内部可在孩子叙述完毕，用图片的形式让其判断自己的联想是否正确等。

③继续写观察日记，在这个阶段，孩子不仅要简单记录所见所闻，还要在观察事实、生动描绘观察结果的基础上，总结事物发生的规律，

从而分析找出问题的原因，提出解决问题的办法。

例如，孩子在幼儿园与小朋友发生争执，父母应当让其好好回忆两个人之间发生了什么事情，当然事先最好问问在场的老师或者其他小朋友。在听完孩子的叙述后，如果孩子的叙述有不属实的地方，父母应当慢慢引导，帮助其回忆。然后，父母再设定一个相同的场景，孩子是观众，父母是演员，在表演的过程中让孩子观察自己在与其他小朋友的争执中都做了哪些不该做的事情或者说了哪些不该说的话，并让孩子说出几个解决问题的方案。这样做不仅能培养孩子在观察中发现问题的能力，还有助于培养解决问题的能力，使观察训练、记忆训练、思维训练都能够产生良好的效果。

第七章

把握感觉统合培训的阶段性特征

感觉统合的发展具有各自的年龄阶段特征，所以感觉统合训练同样具有阶段性。除了要根据不同的方面进行专门训练外，还要将孩子的年龄也作为训练的一个要素，以便训练能够循序渐进地进行，有助于促进孩子身心健康发展。

0~6个月：以吸吮、按摩、伸展、嗅闻、观察、倾听为主

从孩子刚出生起，父母就应当对孩子进行早期教育，因为刚出生的孩子并不只会吃奶睡觉，而是已经有了触觉、嗅觉、味觉、听觉等感觉，但每种感觉尚处于朦胧期，大脑需要得到刺激才能够将这些感觉的功能发挥出来。此外，婴儿的大脑由于没有受到外界的刺激，就像一张白纸一样，比成人更容易接收外界的讯息，并将其牢牢印在大脑结构中。所以，父母应当在其他无用信息"占据"孩子大脑之前，将有用的、美好的知识传递给孩子，避免孩子因为接收过多杂乱的讯息而出现选择性困惑。

在这个阶段，父母对孩子进行感觉统合训练应当符合孩子的生理特点，最大限度地发展孩子的潜能，如吸吮、按摩、伸展、嗅闻、观察、倾听等。

1.感觉（触觉）能力训练

每个人自出生起就具有基本的感觉统合能力，例如，婴儿刚出生时，只要将妈妈的乳头放在他嘴里，他就会吮吸起来。出生几天后，不再消极等待妈妈将乳头放入口中，而开始寻找乳头，通过饥饿的感觉、嘴唇对妈妈皮肤的触觉、头部的运动感和吮吸的运动感觉的统合，制订出寻找妈妈乳头的行动。孩子也就是在这个过程中适应了环境，发展了大脑与身体的协调能力。不过，触觉并不限于吮吸乳头，他还吮吸衣服、枕头、毯子、自己的手指，吮吸一切他们偶然遇到的东西，并把他所感受到的信息不断地与原有信息进行结合，通过自己的行动主动探索和适应周围的环境。

刚出生的婴儿，父母应尽早让他吸吮，充分地吸吮，别担心孩子会养成坏习惯。据调查，6个月以内能充分吸吮的婴儿，以后反而不容易养成吸吮手指的习惯。婴儿面颊、口唇、眉弓、手指头或脚趾头等处对触压觉很敏感，可利用手或各种形状、质地的物体进行触觉练习。光滑的丝绸围巾、粗糙的麻布、柔软的羽毛、棉花、头梳齿、粗细不同的毛巾或海绵、几何形状的玩具均可让孩子产生不同的触觉感，有助于发展孩

子的触觉识别能力。父母多陪伴孩子，少让他哭，让孩子有安全感、幸福快乐感。缺少触觉刺激的孩子，会有胆子小、爱哭、适应性差等能力上的弱点，因此对皮肤的刺激能够有效地缓解这种感觉统合上的失调。同时在唤醒皮肤的过程中，也是不错的亲子时机，不要错过。

孩子一般在4个月后就不再有吸吮反射，可以考虑拿掉他们的安抚奶嘴了。（缺少过渡）等到七八个月再做这件事，就会比较困难，因为这个时候，奶嘴成了孩子的一个安慰物。但不管怎样，父母应该在孩子12~15个月让他放弃安抚奶嘴，否则安抚奶嘴将会影响孩子的牙齿和嘴巴的正常发育。

除了孩子的自主吸吮，父母也要给孩子被动的抚摸，这会比你想象的更能帮助婴儿的成长。让婴儿躺在妈妈的怀里，妈妈要有韵律地抚摸婴儿。抚摸的动作柔和缓慢，在妈妈充满爱意的抚摸下，婴儿的呼吸会变得深而平稳。常拥抱亲吻，并按摩婴儿全身皮肤，用光滑的、柔软的、温暖的、凉爽的、粗糙的等物品接触婴儿的身体，特别是手和脚，开发触觉能力。给婴儿戴一顶小帽，以免着凉，让他赤条条地躺在妈妈裸露的胸膛上。当他的身体和妈妈的肌肤直接接触时，他得到了温柔的皮肤刺激，就会努力探究给他带来安全和舒适的人。

2.嗅觉、味觉功能训练

嗅觉、味觉功能训练在孩子早期教育中非常重要，应从日常生活中做起，例如：

（1）将毛巾沾少许妈妈的乳汁后放在孩子头颈左侧或者右侧，吸引孩子转头来闻。

（2）经常带孩子到户外，呼吸一下新鲜空气，闻闻不同的花香，边闻边说"花香、花香"，并告诉孩子不同花的名字。

（3）做好饭菜后，即使孩子还只能吃奶，也可以有意让他闻闻米饭的清香和菜肴的气味，一边闻一边对孩子说："好香啊，真好吃。"

（4）当孩子4个月能够吃辅食时，可以在两顿奶之间喂一些煮熟的菜水，让他提前感受蔬菜的味道；也可以刮一点水果汁或果肉喂给他吃，并他让闻闻水果的香味，从而对嗅觉和味觉都产生刺激的效果。除了水果外，其他味道的食物也可以让孩子适当品尝，这样做的目的是让孩子除了习惯于母乳或其他乳品的味道以外，还要早一点适应其他食品的味道，为以后断奶作准备。

（5）孩子睡醒后，要抚摸孩子的全身皮肤，并和孩子说悄悄话。婴儿躺在妈妈的胸脯上，用鼻子闻一闻妈妈身体的味道，并且熟悉这种味道。此外，在与孩子的亲密交流中，妈妈还应该不断向孩子介绍自己，让他将这种气味与自身紧密地联系在一起，这是让孩子分辨妈妈和其他人并建立密切关系的重要纽带。

（6）当孩子生病时，喂药时告诉他药是苦的，但是对身体有好处，让他明白即使是不喜欢的味道，有时对自己也是非常有益的，以免孩子养成偏食的习惯。

3.视觉功能训练

婴儿的视觉系统虽然不像嗅觉那样发达，但在后天的发育中却是相对较快的。例如，在孩子出生后十几天，妈妈将孩子抱起来，在距其眼睛20～30厘米的地方用红颜色或者颜色对比鲜明的玩具做画圈、上下左右移动等动作，爸爸同时拿一个香气较浓的物品，可以很明显地看到孩子的注意力在移动的玩具上而不是香气袭人的物品上。由此可见，孩子的后天视觉功能比嗅觉功能更发达。不过，想要使视觉发育更迅速，并不能单纯依靠孩子身体自性发育，而是需要依赖于有效的视觉训练，利用视觉功能训练使孩子掌握更完善的视觉技巧，从而接收更多的讯息，并将这些讯息传达给大脑，使其将接收到的信息牢牢印在大脑皮层中，形成牢固的印象，对于提升智力水平、记忆力、注意力以及统合能力起到推动的作用。

（1）父母经常将孩子放在离自己大约20厘米的位置上，然后让自己与孩子的眼睛保持水平的对视状态，让他仔细地看妈妈的脸和眼睛，同时妈妈也要温柔地看着孩子，并与他说话。如果孩子一时无法准确找到目标，妈妈不妨发出一些声响或者利用玩具将孩子的视线集中在自己的脸上，或者睁大眼睛看着孩子，让他容易找到。

（2）在平日的玩耍中，父母可以将视觉与听觉训练结合起来，例如，一手拿着一个颜色比较鲜艳的玩具，同时哼唱孩子最喜欢的歌谣，并将手里的玩具随着音乐的节拍有节奏地上下、左右晃动，使孩子的眼睛也随之移动。父母也可以让孩子亲身投入互动游戏中，如将一个玩具放到他的手里，然后自己上下晃动玩具，并让孩子进行模仿，这样在刺激了听觉、视觉功能的同时还可以提高孩子的模仿能力。

（3）将一块干净的手绢轻轻地蒙在孩子的眼睛上，注意一定要避开鼻子和眼睛，以免阻碍孩子呼吸。父母将手绢不断掀起，然后蒙上，让孩子感受光明与黑暗的交替，这对于刺激孩子的视觉神经是非常有益的。通过这个训练，可以帮助他提前进入视觉系统发育期，充分挖掘视觉潜力，建立良好的焦距的稳定性、视觉的敏感度、眼睛的搜索以及跟踪能力。

（4）父母根据孩子的喜好，用颜色不一的物品来刺激他的视觉感受，从而选择和感知周围的环境。6个月以内的孩子通常对于黑白色的格子图案情有独钟，父母可以将自制黑白格子图案或者黑白棋盘、黑白魔方、黑白格子的衣物等物品放到孩子的周围，让他在一片彩色的环境中感受黑白世界的独特魅力。为了增加与孩子的亲密度，父母不妨将自己的黑白照片放大，挂在婴儿床的附近，用孩子最喜欢的颜色拉近母（父）子之间的距离。

（5）在婴儿床头挂一些颜色鲜艳且带有音乐声的玩具是锻炼孩子视觉功能的一个好方法，不过玩具长时间静止不动地在孩子的上方，很容易引起孩子斜视，因此，父母最好选择可以自己转动的玩具或者经常变换玩具的位置，使孩子眼部周围的肌肉得到全方位的"运动"，不必一直处于僵硬痉挛的状态，这对于预防斜视、近视非常有帮助。

（6）父母在手电筒上蒙一块半透明的红布，使灯光能够通过红布隐隐透出，然后将灯关掉，将打开的手电筒灯光从远处慢慢拉近，再从近处慢慢拉回原处，同时注意不断变换位置。这样做的目的与（5）一样，是为了锻炼孩子的眼部肌肉，并增加其眼睛的搜索能力，还可缓解视觉疲劳引起的睫状肌痉挛，并使视觉与大脑之间迅速建立"神经传递站"，然后将所看到的东西牢牢印在大脑的记忆层中，永久记录下来。

4.听觉、语言功能训练

听觉神经发育成熟相对较晚，训练时间也相对较长，所以也需要花费更多的心思。而语言常常是伴随着听觉而发展的，如耳聋的人大多是哑巴，所以只有听觉得到提升，语言功能才能不断进步，使孩子长大以后具备最基本的交际能力。

对于刚出生不久的婴儿来说，他对妈妈的声音最感兴趣，妈妈的声音是婴儿最喜爱听的声音之一，特别是妈妈在说话的同时伴有夸张的动作、快乐的表情、充满感情的说话语调，最能让婴儿感到快乐，而且还能帮助他尽早了解语言。所以，在孩子的听觉、语言功能的训练中，妈妈多面对面地和婴儿说话，可吸引孩子注意成人说话的声音、表情、口形等，诱发婴儿良好、积极的情绪和发音的欲望。

（1）为婴儿换尿布、喂奶的时候，妈妈要反复呼唤婴儿的名字，并尽可能地采用反问的方式与孩子说话，同时告诉他自己的称呼，如"宝宝，我是妈妈""孩子，让妈妈抱抱你""孩子，妈妈给你喂奶好吗""你是不是肚子饿了""是谁想吃奶""洗个澡舒服舒服好不好"等。因为，利用反问的语调通常比较富有节奏，比"吃奶吧""洗澡啦""你一定很饿"等叙述性的语句更有感染力，能够与孩子产生共鸣。不过采用反问的口吻时，一定要充满感情，让孩子感受到你的真诚和爱护，也让孩子有一种被尊重的感觉。

（2）父母用铃铛在距离孩子头部20厘米的地方轻轻晃动，一个人一边晃动一边问他："叮当声在哪里呢？快来找找？"另一个人则要和孩子互动起来，一起认真地寻找声音的来源。当孩子发现声音是从头顶的铃铛中发出时，通常会高兴地拍手大叫，此时父母也要一起表现出开心的样子，并用亲切的语调表扬他。

当然，除了铃铛外，轻音乐、古筝、鸟语虫鸣、风声等旋律优美的声音均可以用来训练孩子的听觉与语言功能。不过声音不能太大，以免孩子受惊吓。训练时，最好从右耳开始。因为3个月以内，婴儿的右耳与掌管思维和语言的左脑是相连的，因此比左耳更为敏感，而在右耳边说话更容易引起婴儿的注意。

在训练的过程中，一旦孩子出声，父母一定要模仿他的声音给予肯定与积极的回应，在回应的同时还要深情地注视着孩子的脸庞，并且露出温柔的笑容，告诉孩子"你的努力没有白费，妈妈听到了你的声音"。

5.动作行为能力训练

动作行为能力是基本能力，特别是手部动作是最为关键的因素之一，感觉统合训练也是以手部为代表的动作行为作为基础。动作行为能力训练从孩子出生时就开始了，甚至更早。

（1）孩子出生后，只要由家里的长辈将孩子抱在怀里或放在摇篮里有节律摆动，就能锻炼新生儿前庭平衡能力，可以达到刺激前庭、改善平衡反应、增加肌肉张力的效果。

（2）等到孩子稍大一点，可以将浴巾铺在床上，然后将孩子面朝上放在浴巾中间，由爸爸和妈妈拉住浴巾的四个角将其抬起。抬起之后，父母一边哼唱动听的歌曲，一边轻轻晃动浴巾，使孩子就像是荡秋千一样，一开始晃动不宜过猛，无论是速度还是频率都要由慢至快，当然即使速度快也要以孩子能够适应为主。

（3）在孩子1个月之后，父母要注意多对孩子的手部进行运动锻炼。无论是训练还是非训练时间，都不要为了防止孩子抓脸者吸吮手指而给他戴上手套或者捆起来不让动，而是要将其舒服解开，让他自由地挥动拳头、玩手指、看手、攥拳松手甚至吸吮手指，这些无意识的动作其实正是孩子手部发育的另一个侧面，也是孩子心理发展的必然阶段，父母不仅不能干涉，还应当提供条件协助孩子玩手。例如，轻柔地抚摸孩子的手指，刺激他手部皮肤的感觉；在孩子手腕上系一根饰有铃铛的红飘带，让孩子挥动拳头中获得不同的喜悦与乐趣，双手握住孩子的手腕轻轻晃动等。

（4）当孩子2个月后，他的小手几乎完全松开，而不再是紧握的状态，为了使孩子的抓握能力进一步增强，父母可以在上个月的基础上，继续按摩孩子的小手，并将自己的手指或者不同质地的条状小物品放到他的手心中，再抽出来，促进感知觉的发育。父母也可以用手握住孩子的小手，帮助他坚持握紧的动作。

除了手指运动，父母还可以给孩子增加其他的"运动"。例如，在喂奶之后，不要急于将孩子放回床上，而是将他竖着抱起来，并使他的头颈尽量保持直立；然后，父母轻轻地拍打他的背部，以锻炼孩子的背部肌肉，并可以防止腹部进空气造成溢奶等问题。

在孩子空腹的时候，将孩子面朝下放在床上，父母用鲜艳的玩具或者双手拍击的方式逗引孩子抬头并东张西望。

父母将大拇指卡在孩子的腋下，其余手指固定身体，帮助孩子站起来，使其脚底接触桌面或者地面，引导其做走路或者踏步的动作。这对于孩子日后独立行走起到步行反射的作用，同时对于开阔孩子的视野、促进视觉发展也大有裨益。

　　父母用孩子感兴趣的声音或者将玩具放在他的头部两侧，吸引其侧颈注视。每次玩具或者声音的位置都不要固定，这样才能使孩子的颈部肌肉得到更好的锻炼，为日后训练翻身动作打下基础。如果孩子的身体条件允许，再进行颈部锻炼，父母还可以增加几个动作，即当孩子转头时，父母一只手握住孩子的左手，另一只手将左腿搭在右腿上，辅助孩子向对侧侧翻注视，左右轮流侧翻练习，以帮助孩子感觉体位的变化，学习侧翻动作。

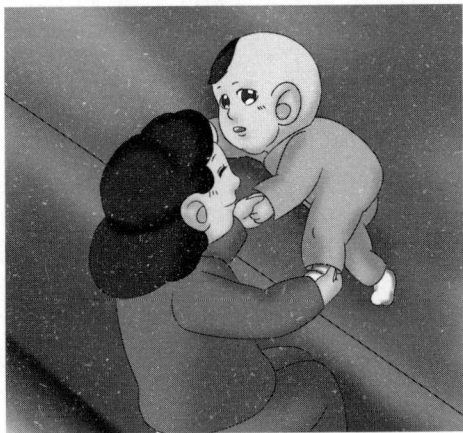

　　（5）3个月的孩子手部发育大有长进，能够自然地接受周围一切事物，并且喜欢抚摸一切摸得到的东西，不再是被动地接受父母"塞"给他的东西。不过，他的抓握能力仍然处于弱势状态，父母应当给予孩子更多的抓握机会，如准备一些简单的玩具放在他的周围，引导孩子伸手去拿。

　　在孩子的头顶上挂一些不同质地或者能发出声音的玩具，高度应适中，过高的高度会加大孩子触摸玩具的难度，使其很容易产生挫折感，从而放弃训练；如果高度过低，让孩子一伸手便能抓到玩具，虽然可以起到锻炼手部的作用，但对于颈部肌肉以及其他部位就很难得到锻炼，因此，玩具高度以孩子略微抬颈便能够到为宜。注意，悬吊的玩具质地应当有所不同，如气球、彩色袜子、小灯笼、小毛绒玩具等物品会给孩子不同的感受，可以作为触觉训练的一部分。

父母将孩子抱在胸前，使其坐在自己的前臂上，头部和背部贴在前胸，另一只手抱住孩子的胸部，并在视野较开阔的地方来回走动，让他能够注视到周围更多新奇的东西。如果此时孩子因为注意到什么而向某处伸手，父母千万不可因为担心有危险而制止他的动作，正确的做法是问孩子："你看到了什么？指给妈妈看！"语调一定要积极向上，让孩子能够感受到鼓励的成分，这样便可激发孩子的兴趣，使孩子主动挺胸抬头、伸手张望。如果孩子无法长时间保持头和身体挺直，父母也可用一只手托住婴儿的头、颈、背，以防孩子头后仰。

（6）尽管4个月的孩子已经能够抓住非静止的物品，不过还是没有掌握抓握的技巧，常常因为手、眼不协调，在抓东西时将手伸过了要抓的物体，及时抓住了也不会灵活运用手指，只能用整个手掌笨拙地将物品抓起。因此，这一时期，父母一定要在一旁给予孩子辅助，锻炼其手、眼协调的能力。

例如，父母可以在桌子上放几种不同的物品，让孩子抓起，并且时常变换物品的种类和位置，让孩子不断接触到新鲜的事物。

爸爸抱着孩子，妈妈拿一个玩具站在离孩子1米之外的距离，首先用声音将孩子的注意力吸引到玩具上面，然后妈妈慢慢向前移动，逐渐缩短与孩子的距离，当二者的距离非常近、孩子一伸手即可触到玩具时停下来，看孩子是否一伸手便能抓到玩具，如果不能，父母可以用引导的方式让孩子用手去抓握、触摸、摆弄玩具。

此外，在孩子4个月时，妈妈要开始培养孩子坐的能力。妈妈站在孩子的面前，用双手夹住孩子的腋下，并将其轻轻地拉起来、然后再放下。经过多次练习后，孩子就能够在妈妈的助力下自己学会用力坐起来。

（7）在孩子5～6个月时，父母不仅要训练他单手抓取的能力，还要训练其双手协调的能力。例如，先让孩子抓取一个物品，然后再递给他第二个，看孩子是否像小熊掰玉米那样抓一个扔一个，还是用另一只手抓取第二个物品。如果孩子将第一个物品扔掉，父母就不要将第二个物品递给他，而是将第一个物品捡起来重新放回孩子的手中，待其抓牢后再重复递东西的动作，如此反复操作直到孩子能够双手拿东西为止。当然，这种训练不能急于求成，一定要循序渐进，以免孩子产生反感，养成见东西就扔的不良习惯。

父母还可训练孩子将东西"转手"的能力，即将左手的物品转移到右手上，然后再转移到左手上。在练习时，东西的种类相同，但颜色或者形状不同，让孩子在转手之前作出选择，以此建立"比较""分类"的数概念。

6.婴儿哭的训练

哭与笑是尚未开口说话的孩子唯一的语言，它能够用来表达孩子所

有的感情，如果饿了，孩子就会用哇哇大哭来提醒父母；如果开心，他又会咯咯笑个不停，表示自己心满意足。很多父母都将孩子这两种反应作为一种天生的本能，认为无须多加关注，有的父母甚至还会强行阻挠，如孩子大哭的时候不问原因就一味地哄抱，将哭声"扼杀"在萌芽中。其实，这对于孩子的发育并没有好处，因为哭和笑一样，都是一种运动，这种运动不仅牵动着面部神经与肌肉，对于心肺、胸腔都能起到扩大锻炼的作用。根据一项试验证明，月子里每天累计哭上半小时的孩子身体发育比同龄孩子更快，而且免疫力也比同龄孩子要好，所以父母千万不要剥夺孩子哭与笑的权利，相反，父母还要有意识地对其进行训练，以免这两种天生的本能在淡漠中逐渐销声匿迹。

（1）尽量少使用尿不湿。虽然尿不湿能够使孩子的屁股免受"水灾"，但是却让孩子少了可以大哭的机会，而与舒适的尿不湿相比，尿布能够让孩子感觉非常不舒服，从而用放声大哭的方法告诉妈妈"该给我换尿布了"，这样，在锻炼孩子哭的能力的同时，又能增加孩子与父母的联系，对于孩子身心健康均有好处。

（2）训练孩子哭还有一个方法，就是当孩子哭时，父母先不要急着去哄，而是先检查孩子的状况，在确认孩子不是因为身体不适而哭泣之后，适当地让孩子小哭一会儿。例如，孩子因为饿了开始哭泣时，妈妈不要先喂奶，而是问他："你饿了吗？"当孩子咿咿呀呀有反应之后，妈妈再满足他的要求。

如果孩子的哭声非常大，父母可以轻轻地握住孩子的小手，用温柔的话语抚慰他，但是不要立刻抱他，以免孩子产生依赖，以后再哭的时候只要不抱就不停止。在与孩子交流的时候，一定要注意将孩子的眼泪及时擦干，以免流到耳朵里引发炎症，损害孩子的听力器官。

7.睡眠训练

对于年龄较小的孩子来说，睡眠非常重要，特别是刚出生的婴孩，每天的睡眠时间在18～20小时之间，而且属于深度睡眠，很难被吵醒。

不过，随着孩子年龄的增加，睡眠的时间逐渐减少，并逐渐从深度睡眠向浅度睡眠过度，很容易因为外界的干扰惊醒。因此，在这个阶段，妈妈应当对孩子的睡眠进行训练，以提高孩子的睡眠质量。

（1）孩子在睡觉的时候会因为一些轻微的声音突然发生惊跳，但这属于正常反应，通常还未等其意识清醒时又会进入睡眠，因此妈妈不要立刻抱住孩子或者压着他的四肢，而是轻言暖语地进行抚慰，以免引起孩子的反感，出现哭闹不停，反而清醒过来。

（2）养成良好的睡眠规律。例如，白天可以让孩子从上午10点到11点、下午1点到2点半睡觉，晚上从7点到第二天早晨7点睡觉，并且在养成习惯后不要随意变动时间，让孩子逐渐形成规律的生物钟，这样无论外界如何干扰，生物钟也会严格执行睡眠任务。

（3）不要等到孩子特别困了再哄其入睡，而是在孩子有了困倦感之前就将其放到床上，这样能让他学会和习惯自己入睡。如果孩子仍然比较清醒，妈妈可以适当地进行抚触按摩，帮助孩子放松肌肉与神经，逐渐进入睡眠状态。

（4）如果孩子不愿意独自入睡，妈妈不妨也躺在床上，将孩子搂在怀中，用轻柔的声音与他交流，注意，这种交流是单方面的，不要求得到孩子的回应，以免使他的神经越来越兴奋，反而难以入睡。

（5）让孩子吮吸乳头入睡也是一个不错的方法，当孩子接触到妈妈的身体、闻到妈妈的体味时，大脑就会分泌出一种特殊的减压物质，这种物质能够增强孩子的睡意，使其更容易入睡。

（6）如果孩子哭得厉害，用上面的方法很难达成目标，这里再向妈妈们介绍一个"Ferber 训练法"，它主要针对6个月以上的孩子。

首先，制订一个孩子作息时间，如睡觉前洗澡，洗澡后哺乳，哺乳后讲一个比较简短的故事，然后就应当睡觉。这个作息时间无论发生什么事情都要严格遵循，以便孩子形成这样一种意识：洗澡、哺乳、讲故事之后就一定要睡觉了。

其次，故事讲完之后，无论孩子是不是想睡觉，都要将他放到小床上，告诉他"现在该睡了，宝宝"，然后走出房间。如果孩子开始哭，先不要急着去哄，而是等5分钟，当孩子仍然没有停止哭泣时再进入房间，用温柔的声音告诉他"妈妈就在外面，不用担心"，然后亲吻他的脸庞、拍拍他的后背，而不要将他抱在怀中。此时，妈妈在房间待的时间不宜过长，几分钟之后就应当离开。孩子可能会再次哭泣，这时妈妈等待的时间是10分钟，方法如前，以此类推，每次等待的时间要延长5分钟，一直到孩子入睡为止。

最后，通常孩子连续睡眠时间为5小时，因此在半夜哭是很正常的事情，妈妈可继续用以上的方式安抚孩子。

根据试验结果表明，大多数孩子在接受这个训练后会出现以下反应，第一天晚上几乎哭了一夜，第二天晚上虽然仍然会哭，次数却明显减少，一直到第五天晚上除了正常的起夜外，能够彻底睡一个整觉，而且睡眠质量非常好。

7~12个月：以摇铃、敲击、取物、手指动作、爬行、坐、扶走为主

这段时间，婴儿脑部的发育速度非常惊人，刺激越复杂，脑部的发育就越显著。从第7个月开始，父母就可以根据孩子的不同月龄进行训练，以提高孩子的综合能力。

1.第7个月

（1）坐的训练。

一般情况下，4个月的孩子就已经有了坐的意识，不过当他真正有了坐的欲望还是从7个月开始，所以在这个阶段父母应当有意识地训练孩子如何坐，以开拓孩子的视野，有利于他的感知觉的发育。同时，当孩子能够独立坐后，对于脊椎的发育以及掌握身体平衡能力也有促进作用。

训练独立坐的方法很简单，先将孩子放到一个多人沙发或者带有扶手的单人沙发上，在他的背后放几个小垫子，让孩子靠着坐，并逐渐拿走作为支撑依靠的垫子，让孩子形成独立坐的习惯。当孩子在没有垫子依靠的情况下，能坐住片刻，父母可以慢慢地延长其独立坐的时间。

如果孩子因为协调不好身体前倾，父母一定要及时将他扶正，以免

摔伤。经过反复练习后，孩子独立坐的时间就会越来越长，从一开始的1分钟、3分钟、5分钟，最后可达到10分钟。当孩子能够坐稳10分钟后，父母就可以将孩子从沙发抱到地毯上，让他在没有扶手和靠背的地板上自由玩耍，以进一步练习其独立坐的能力。

有的父母也许会说，训练孩子独立坐非常受限制，只能在家里完成。其实训练坐与训练爬不一样，它可以随时随地地进行。例如，妈妈抱着孩子出去散步，在中途休息的时候，就可以将孩子放到自己的腿上，用外界的景物来吸引孩子坐的同时东张西望，提高身体的平衡感。当然，在这种情况下，父母一定要注意做好保护，以免孩子摔伤。此外，在坐车的时候也可以对孩子进行训练，当然这种训练更倾向于自然性，而不是单纯地为了练坐而坐，更容易被孩子接受。

（2）爬的训练。

一般来说，孩子到8个月的时候才有自主爬行的意识，但是父母不能等到第8个月才开始训练，因为爬行是一种极好的运动，在爬行中孩子的头部、颈部、胸部、背部、腹部、四肢、臀部都能得到充分的锻炼，骨骼也在抻拉中健康生长。爬行还有助于消耗身体多余能量，使孩子胃口大开，避免养成挑食、偏食、不爱吃饭的习惯。此外，爬行还有助于大脑发育，在爬行的过程中，孩子的视野得到了开阔，能够接收到很多新的信息，同时一心想爬的信念也能将其注意力很好地集中在一起，对于智力的发育也有很大的帮助。所以，父母不要等到8个月才开始训练孩子的爬行能力，而是在孩子能够自己翻身了，那一时刻起就做好充分的准备。

训练孩子爬行可借助一些道具，如枕头、垫子、小席子等生活中随处可见的物品。下面就介绍训练爬行的热身赛和正式内容。

热身赛：在训练孩子爬之前，不妨先给他来一个热身赛，来调动孩子爬行的热情。

①将孩子放到床上，妈妈在孩子的前面，爸爸在孩子的后面，当妈妈牵孩子的右手时，爸爸同时将孩子的左腿向前推。如此反复操作5~10分钟。

②妈妈平躺在床上，让孩子趴在自己的右侧，爸爸则坐在左侧。爸爸牵孩子的左手，妈妈推孩子的右腿，然后爸爸牵孩子的右手，妈妈推孩子的左腿，如此重复帮助孩子向前爬行。注意，不能直愣愣地将孩子的腿向前推，而是要帮助孩子学会屈膝。

③孩子俯卧，父母拿一个带声音的玩具来吸引他的注意，如果孩子表现出想要的欲望，父母就将玩具向前开动，嘴里说："快点来拿，小鸭子要跑了！"此时孩子就会手脚并用，做出爬行的动作。通常刚开始接触爬行的孩子并不能立刻就移动，手往前一伸就趴下，还有的孩子在原地打转或向后退。这些都是孩子学习爬行的过程，父母不必着急，可以有意识地教孩子学习向前爬。

正式训练：当孩子能够自如地爬行后，父母不妨利用各种小道具给孩子制造一点"麻烦"，以提高他的爬行能力。

①利用鲜艳的玩具逗引孩子向前爬，同时嘴里要说出鼓劲的话："就差一点啦，宝宝真会爬！"在孩子将要抓到玩具的时候，父母再向左或者向右转，使孩子能够随着玩具换方向爬。如果孩子爬累了想偷懒，肚子着地，爸爸妈妈不妨用一条浴巾托起他的肚子，使其只能用手和膝盖爬行。

②将席子卷成圆筒，然后将孩子面朝下放到席子筒上，然后妈妈和爸爸分别在席子筒口的两端慢慢将席子向前推动，使孩子随着席子的展开而向前爬。

（3）站立训练。

扶着孩子腋下练习站立，训练扶着物体站立，但每次时间不宜太长。

当孩子7个月时，骨骼发育基本趋向成熟，可以开始站立的练习。刚开始练习时，父母一定要在一旁给予帮助，如扶着孩子腋下以免其摔倒。每次站立时间不宜过久，1~3分钟即可。在训练的同时父母一定要给予表扬与鼓励，如果孩子感觉累了，还可以趁机做一下爬行训练，可以对他说："咱们累了，在地上爬一爬，伸个懒腰吧！"

（4）手部动作训练。

7个月的孩子手指已经能够分开使用了，抓东西的时候也能用整个手掌笨拙地抓取较大的物品，一直发展到有意识地屈曲手指抓取精细的物品，所以，在这个阶段父母要着重对孩子手指灵活度进行训练，以促进大脑功能的发育。

①递给孩子一个物品，让他将该物品从一只手传递到另一只手上，然后再递给他一个物品，使其双手都有东西，最后示意孩子将两个东西对敲，但是不能掉落。

②给孩子一张纸，父母在一旁示范将纸撕成条状或者其他形状，以锻炼孩子的手部力量。

③在孩子面前摆一些细小的物品，如小饼干碎块、小橡皮头、黄豆、小爆米花等，让孩子用手指抓起来。在练习时要注意，不要让孩子将抓起的东西塞到嘴里，即使是饼干碎块等食物也不行，以免养成孩子乱抓乱吃的习惯。

④将孩子熟悉的玩具用布蒙住，然后让他用手隔着布摸玩具，找出父母说出的玩具。

（5）声音、记忆力训练。

在孩子7个月的时候，父母可以将声音和记忆综合起来进行训练，下面就介绍几种训练方法。

①孩子坐在妈妈的怀中，妈妈将孩子的小手放到自己的嘴上，并用掌心轻轻拍嘴巴，同时发出"哇哇哇"的声音。然后，妈妈将孩子的小手放到他的嘴上，轻轻地拍嘴巴，并发出"哇哇哇"的声音。反复重复练习，以孩子能够随着拍嘴巴的动作自己发出"哇哇哇"的声音为目标。

②抱着孩子在屋子里或者外边散步，时刻注意孩子的眼睛，当他看

到什么或者指着什么时，父母要立刻说出物品的名称，以便孩子能够将物品与听到的声音联系在一起，这对于提高他的观察能力、记忆能力、理解能力和思维能力也大有益处。

2.第8个月

（1）继续进行爬行训练。

通过上个月的练习，孩子的爬行能力有了很大的提高，颈部、背部、四肢的肌肉都得到了锻炼，从第8个月开始应当继续进行练习，让孩子的手膝、手足爬行四肢轮流支撑体重，使四肢肌肉耐力和肌肉能力得到锻炼，同时能加强前庭与感觉系统的统合，使本体感觉更加灵敏。

①定向爬：将玩具皮球放到距离孩子适当的位置，然后逗引孩子向前爬，当爬到目的地后，孩子就会用手抓球或者推球。当皮球咕噜到远处时，父母鼓励孩子将球找回来。

②自由爬：在家里找一个比较宽敞的场地，将所有危险物品都拿开，让孩子无目的地四处爬行。在孩子爬行的时候，父母要问他："你想去哪里呢？"如果孩子给予回应并且爬到"目的地"，父母可以接着问："你还想去哪里呢？"以此类推，用问句的形式激起孩子爬行的热情。

③转向爬：找一个孩子感兴趣的物品让他玩一会儿，然后当着他的面将该物品拿走，逗引孩子向前爬，当孩子快爬到时父母换个方向，使孩子也能够随着物品方向的改变转移爬行的方向。

④爬行小路：将不同质地的东西散放在地板上，给孩子制造一个有障碍的"爬行小路"，如绸缎小垫子、塑料泡沫垫子、凉席等，让孩子沿着蜿蜒的"小路"向前爬行，当孩子的手掌和膝盖感受到不同的质地后，对于触觉也能起到积极的作用。

（2）记忆、观察和空间训练。

8个月的孩子记忆和空间训练不宜过于复杂，父母每天在同一时间与孩子做同一件事情，加深孩子对时间及活动有联系的记忆，久而久之记忆力就能得到提升。

①在一张白纸上贴几个动物的图片，图片的摆放一开始应当有一定的规律和顺序，行列齐整。父母反复告诉孩子图片上动物的名字，再用白纸将每个动物都蒙上，问孩子："小白兔在哪里？"在父母的指导下，孩子最终可以将所有动物的位置都记清楚。接着，父母将动物的图片随意贴在纸上，没有什么规律可言，先让孩子看图找出相应的动物，反复练习几次后将图片蒙上，问孩子："小公鸡在哪里？"直到孩子能够将动物认准为止。

②将纱巾和手绢系在一起，再扎上几个小铃铛，放到一个空的纸巾盒中，盒口留出一小节手绢。父母先示范，慢慢地将手绢和纱巾拉出盒子，然后将所有的东西塞回盒子中，让孩子也向外拉。反复几次后，父母再取几样物品摆放在孩子面前，其中要包括纱巾、手绢和小铃铛，然后问孩子盒子里面都有什么，并让他从面前的物品中选择。

（3）语言行为训练。

用模仿来训练语言发展是一种不错的方法，模仿的同时对于学习固定动作也有好处。通常动作表达得越丰富，将来表达能力就越强。

父母可以教孩子一些动作，如爸爸要出门了，挥手就是"再见"的意思；如果孩子提出什么要求，父母无法满足，可以边摇头边说"不可以"；当父母表示对孩子的爱意时，可以亲亲他的脸蛋，然后温柔地说："妈妈（爸爸）好爱你！"久而久之，这些动作和语言就会在孩子心里留下深刻的印象，一些口语较强的孩子也能够模仿几个简单的单音字节来与父母沟通了。

除此之外，父母每为孩子做一件事情，都应当将这件事情用语言叙述出来。例如，在帮助孩子洗脚的时候可以说："妈妈帮助宝宝（可以加上孩子的名字）洗脚了""水温正好，很舒服""先洗左脚、后洗右脚""宝宝在洗脚时表现得很好"等，让孩子知道父母的想法，对于增进亲子情感、促进孩子口语发展具有双重作用。

（4）手部精细动作训练。

8个月大的孩子应当继续加强对手指灵活性的练习，同时在进行手部

练习时最好能够增加手、眼协调以及把握空间感的练习。

①父母准备一个纸篓和数个用废报纸揉成的纸团，反复向孩子灌输纸团是垃圾，然后做个示范，将纸团准确地投入纸篓中。接着，让孩子用左右手交替抓起纸团投向纸篓。如此反复训练，不仅能加强手眼结合、左右大脑交替锻炼，还可以将孩子乱扔东西的习惯变成有目的的投掷。

②将小糖豆、玉米粒、黄豆粒等放在地上，并准备一个瓶口大于2厘米的瓶子，让孩子练习用手指捏起玉米粒等物品准确地放入瓶子中。一开始不要求孩子放得很准，父母应当耐心地给予指导。

③准备几根不同颜色的线和拉环，并用某一颜色的线绑在相同颜色的拉环上，然后将拉环放在远处，父母手里握住线，并向后拽。例如，拉到红线后，红色的拉环就会被拉到父母与孩子面前，然后父母让孩子取拉环，并下达具体的指令："想要绿色的拉环。"孩子在看了父母的示范后，就会先动动绿线，在发现远处的绿环动了之后就会大胆地拉动绿线。同理，父母如果接着说要紫色拉环或者黄色拉环，孩子就不再犹豫而拉动相对应颜色的彩线了。

（5）相关动作训练。

除了上面的训练外，父母还可以进行下列训练：

①坐便盆训练：这是培养孩子独立坐的进阶阶段，根据孩子的大便习惯，训练他定时坐盆大便。便盆的摆放地点应固定，当孩子停止游戏比较安静时，父母可以将孩子放到便盆上，即使他没有便意也可以多坐一会儿，一开始的时间为2~3分钟，以后逐渐延长到5~10分钟，但不要将孩子长时间放在便盆上。

②站立训练：在孩子小床的上方挂一个颜色鲜艳的气球，当孩子扶

栏站立时，父母可用气球逗引孩子松开双手去抓气球。逗引时应尽量晃动气球，使孩子随着气球的晃动增加站立时的平衡感。训练的时间不宜太长，每次在几分钟内即可。

3.第9个月

（1）注意力、观察力、记忆力训练。

孩子9个月时运动力明显增强，无论是爬行还是站立能力都有显著的提高，但是注意力却容易因为接触很多新奇的事物很难维持在同一件事情上，所以在这个时期父母应当开始训练孩子的注意力。

例如，为孩子准备一本画有动物肖像的图画书，然后和孩子一起仔细观察每个动物，父母的任务是向孩子告知动物的名字，孩子的任务是观察动物的特点，在反复记忆后父母问孩子："狮子有什么？"孩子会指指头发示意有鬃毛；然后问："小鸟有什么？"孩子会张开胳膊示意有翅膀。这种先看图后提问的方式比单纯认动物更能吸引孩子的注意，同时还可培养孩子良好的观察能力和记忆力。

（2）手眼协调训练。

通过锻炼孩子用勺子吃饭的方式能够训练他的手眼协调能力。为孩

子准备一把儿童专用的小餐勺和一个装着食物的深盘子或者小碗。第一步让孩子自己用手拿取食物，当动作比较娴熟后，可以开始用勺子。刚开始孩子并不习惯用勺子，父母可以将饭舀起后递给他，让孩子自己将勺子送进口中。

（3）语言空间行为训练。

训练孩子有意识地将手中玩具或其他物品放在指定的地方，父母可给予示范，让其模仿，并反复地用语言示意他"把××放下，放在××上"。也可以让孩子练习分辨左右，如父母问："宝宝，右手（左手）在哪里？""将小兔子玩具放到左边，将小鸭子玩具放到右边"。在平日的散步中，也可以有意识地将孩子带到岔道口，然后反复告诉他家在哪个方向，以后再来到这个岔道口，就问孩子："宝宝，我们该朝哪个方向走？"

（4）滚动训练。

滚动练习可以增加孩子的手眼协调性、提高肢体肌肉的耐受力，对于手部精细动作也有一定的促进作用。

滚动训练的方法很简单，将一个大的圆柱形的可乐瓶放在地上，然后父母站在一段距离之外，手里拿着一个孩子喜爱的玩具或者发出声音吸引孩子的注意，让他用两只手推动可乐瓶向前滚动，待他熟练后，再让他用一只手推动滚筒，并把它滚到指定地点。在滚动的过程中，爸爸或者妈妈可以在旁边制造一点小小的障碍，如拿着孩子喜欢吃的东西或者其他玩具逗引他，看其是否能够排除干扰到达终点，这对于训练孩子的注意力也大有裨益。

4.第10个月

（1）身体分辨能力训练。

在这个时期，孩子模仿力很强，不仅会模仿学习身边人的动作，还会模仿电视中人物的动作，父母应利用这个时期开始训练孩子，加强孩子的分辨能力。在孩子模仿的同时教他认识身体部分，指出该部分再说给孩子听器官的名称，可以让孩子很快学习认识自己。

例如，在孩子面前放一面镜子，父母和孩子一起看着镜中的自己，然后妈妈分别指出自己的五官、四肢等部位。反复几次，然后对孩子说："和妈妈（爸爸）一起指好吗？"这样，在父母指自己鼻子的时候，孩子也会跟着指鼻子，并试着发出"鼻子"的音，如此反复操作。

除了有意识的训练外，在平日生活中也可以随时帮助孩子进行身体分辨。例如洗澡的时候，妈妈可以说："我要给你洗屁股""我要给你洗脚趾"，在叙述身体部位时一定要用准确的名词而不是将其昵称化，如"我要给你洗小屁屁""我要给你洗小丫丫"等。

训练孩子的身体分辨能力不仅能帮助孩子认识自己，还能够增强防护意识，并且在不舒服的时候准确说出具体的位置，让父母及时知道孩子究竟哪里不舒服，以便及早采取措施。

（2）表情、语言训练。

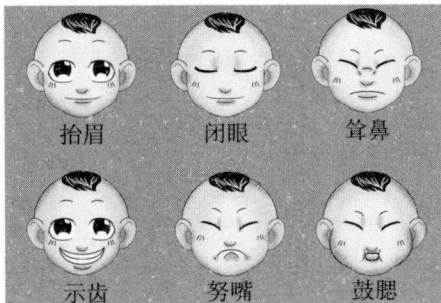

| 抬眉 | 闭眼 | 耸鼻 |
| 示齿 | 努嘴 | 鼓腮 |

面部有很多肌肉，有效控制这些肌肉对于五官的发育以及语言功能会起到积极的促进作用，同时也是孩子在与更多人接触后进行交流的一种手段，因此，父母在平日教孩子学说话时一定要结合不同的面部表情，下面就介绍几种锻炼面部表情肌的运动训练方法，在训练的时候父母可以在孩子面前先示范，并解释给孩子听不同表情的意思，然后让他学着做。

①抬眉训练：父母做出非常惊奇的表情，睁大眼睛，使两条眉毛向上抬起，然后对孩子说："这是吃惊的表情。"

②闭眼训练：父母将眼睛闭上，然后睁开，如此重复闭合、睁开的动作5～10次，然后告诉孩子："这是闭眼和睁眼的动作。"

③耸鼻训练：父母将鼻子反复向上抽动数次，然后告诉孩子："这是耸鼻子，可以用来扮鬼脸。"

④示齿训练：父母将口角向两侧同时运动，露出上下牙齿，然后告诉孩子："这是开口的动作，表示开心地大笑。"

⑤努嘴训练：父母用力收缩嘴唇并向前努嘴，然后告诉孩子："这是努嘴的动作，表示生气、不高兴了。"

⑥鼓腮训练：父母闭嘴，将腮帮子鼓起后恢复原状，然后告诉孩子："这是鼓腮帮子，表示气鼓鼓的。"

虽然孩子对各种面部动作的意思并不完全清楚，但并不耽误父母对他的训练，在平日父母可以随时随地"抽查"孩子练习的结果，如突然问他："生气的表情。"通过反复的练习，孩子在听到这句话后就会立刻做出努嘴的动作。或者，父母做出各种表情，然后向孩子提问，10个月的孩子并不能准确地说出表情的名称，但可以用简单的音节来代替，如"气气""笑"，这时父母要反复说出正确发音，让孩子不断重复。

（3）站立、行蹲等训练。

虽然孩子在10个月的时候仍然以爬行为主，但是他已经有独立站立的意念了，不愿意再求助妈妈或者爸爸，只要周围有可以扶手的东西就会站起来，有的孩子甚至还会将手稍稍松开。此时，父母不必担心孩子会有危险，更不能立刻扶住孩子剥夺他独立站立的权利，而是应当在一旁鼓劲，并为他提供安全的"学站环境"。如果孩子独立站立的能力不是很强，父母可以根据具体情况进行训练，方法如下：

①父母与孩子面对面坐在地上，然后发号施令："一、二、三，蹲下"，同时做出蹲下的动作。然后，再由蹲下动作做起立动作。如果孩子站不起来，父母在刚开始可以拉起他的一只手，使他借助外力站起来。

②父母让孩子保持俯卧的姿势，然后教他双手撑起身体，再将双腿屈曲，用膝盖和手掌撑地。接着继续保持爬姿，让孩子一只手撑地，另一只手抓住栏杆，然后慢慢站起来。

③当孩子已经能够顺利地独立站起来时，父母不要对他要求过高，而是要由易到难进行。如当孩子站起来后，父母可用双手扶住孩子的腋下，帮助其站立。当孩子不用父母搀扶，只抓住栏杆就可以站稳时，父母可训练其一手扶站的能力。例如，将孩子比较感兴趣的玩具放到其低头伸手就能拿到的地方，引导孩子松开一只手取玩具，只用另一只手扶着栏杆。

④当孩子扶着栏杆就能站得较稳时，父母可训练其独立站立的能力。父母示意孩子站起来后，双手扶住他的腋下并将其放到墙边，让背和臀部靠墙，双腿分开、足跟不要贴墙，然后慢慢将手松开。如果孩子出现慢慢下滑或者晃动不稳的情况，父母要在一旁拍手鼓励："坚持！

你真棒！站得这么稳！"一开始独立站的时间不要过长，1分钟即可，以后再慢慢延长站立时间。

通过站立训练，孩子的背部、颈部、下肢的肌肉与骨骼会得到良好的锻炼，这为11个月的学习走路奠定了良好的基础。

（4）手的控制能力训练。

在训练10个月大的孩子的手部动作时，要着重训练他的手部控制能力，特别是单个手指的分离动作，如无名指运动、食指的抓捏动作等，不过在训练时要注意循序渐进，先训练孩子对体积较小物品的抓握能力，再让他双手捡体积较小的物体，并能将捡到的两样东西同时放进容器中。

①准备两个较软且能够发出声响的玩具，妈妈拿一个，让孩子拿一个，然后妈妈进行示范，先使劲握一下，玩具响了一声，然后让孩子也握一下。接着，妈妈连续握三下，让孩子也握三下。如此反复操作，在锻炼孩子手力的同时还能培养他的节奏感、听力。

②为孩子准备一个单手能够伸进去的玻璃容器或者比较光滑的容器，再准备几个小容器。首先，让孩子将容器外的黄豆、玉米粒、小弹

珠等一颗颗用拇指、食指和无名指抓起后放到容器中，接着让他将容器内的小物品再捡出来，边捡边将不同的物品分别放到不同的容器中。孩子在做这些动作时，妈妈应当配合说"放进去""拿出来"等话语。

③训练的前一天，在孩子面前反复示范打开抽屉或者箱子的动作，第二天将孩子的玩具如毛绒小熊、电动车放到一个抽屉或者有盖的箱子里，然后问孩子："宝宝，今天我们玩电动车好不好？"在得到孩子的应和后，妈妈再说："可是玩具在抽屉（箱子）里放着，妈妈拿不出来，宝宝可以帮妈妈把玩具拿出来吗？"如果孩子的观察力和记忆力较好，就能够模仿妈妈的动作将抽屉或者箱子打开。对于力气较小的孩子，妈妈可以给予适当的助力，使孩子能够完成相应的训练内容。

④为孩子准备一支较粗的彩色蜡笔或者铅笔，训练其三指握笔的姿势，一开始孩子会因为手指无力握不住笔杆，妈妈可给予适当的帮助，如握住孩子的小手使笔杆固定在手心，然后带动孩子在纸上画出简单的线条，线条最好是孩子名字的笔画拆分。妈妈边画边告诉孩子笔画的名称，然后再将这些笔画组合成孩子的名字，并反复对孩子说出他的名

称，边说边用手指指着孩子。

⑤为孩子准备一碗温米糊或者稀饭以及一把勺子，教他用拇指的指腹和食指的第二关节侧面夹住勺子，按照顺时针和逆时针的方向搅动米糊，在训练二指的同时对手腕也是一次不错的锻炼。此外，带有螺口的瓶子、能够交错旋转的柱形或圆形玩具也具有相同的功能。

⑥多指训练之后，父母可对孩子进行单指训练，即将其他四指屈曲，只使用食指。父母在训练时可以借助一些玩具，如可以用手指调节时间的玩具闹钟、玩具钢琴、一按胸口就会开口说话的洋娃娃等；父母也可以借助家里的一些物品，如电灯开关、电视遥控器、收音机开关、电话等，只要是能够引起孩子兴趣的都可以让他去玩、去按，反复练习后孩子就能够独立完成这个动作。

（5）认知和语言训练。

第10个月是孩子成长中的一个转折点，它是孩子从婴儿期向幼儿期过渡的一个中转站，10个月的孩子不仅生理发育趋向成熟，心理和智力的发育也会有很大变化，主要表现在认知能力上。例如，对感兴趣的事物会长时间地观察，知道一些常见物品的名称并会指认或者说出简单的单词等，对此父母不应抱着顺其自然的心态，而应当立刻进行训练，使孩子的认知能力得到一定的提升。

①用食指表示数字1，父母可用语言加深孩子的印象。例如，父母说"我想吃1个苹果"的同时，帮助孩子竖起食指表示1个，然后当着孩子的面拿一个苹果。如此反复几次后，孩子就会用竖起食指的方式表示1。接着，父母问孩子："你想要几个苹果？"他就会竖起食指，表示要1个，然后父母就给他1个苹果，以加深孩子对数字1的印象。当孩子对1熟

悉后，父母可逐渐将数字增加到2、3、4。

②给孩子准备一些图片或者玩具，从中挑出几个让孩子熟悉，并告诉他图片上的东西或者玩具叫什么名字，它们能够发出什么声音。然后将这些图片或者玩具与其他混在一起，让孩子从中找出刚才那几样，孩子每找到一样父母就要大声鼓励。

当孩子全部找齐后，父母拿起一个物品问孩子："这是几个？"在得到正确回答后，再拿起第二个，问孩子手中的物品是几个，以此类推，直到孩子全部答对为止。如果孩子精力仍很充沛，没有表现出不耐烦的情绪，父母还可以让孩子发出每个物品如火车开动的声音、小狗的叫声、树叶被风吹的声音等，并可用这种方法教孩子说出更多的词语，如阿姨、再见、谢谢等。

③在孩子面前摆两个盘子，盘子里分别放着大小两个水果，父母拿起大的水果告诉他"这是大的"，再拿起小的水果告诉他"这是小的"，必要时可多重复几次。接下来，父母指着盘中的水果问孩子："你要吃吗？"如果孩子回答："要。"父母就可以发出"那么拿一个大的水果"或者"拿一个小的水果"的指令，看孩子是否拿对，如果拿对了就要给予鼓励与表扬。如果孩子回答："不要。"那么父母就要问："你想吃什么？"引导孩子主动提出自己的要求。除了训练区分大小外，父母还可以进行上下、左右的区分训练，道具可以是玩具、生活用品，只要孩子感兴趣就可以。

5.第11~12个月

（1）自己动手的生活能力训练。

11~12个月的孩子生活能力有了明显的提高，如不再依靠奶瓶喝水，而是喜欢自己用小勺舀着喝。此外，这个阶段孩子的食谱多以米糊、菜泥、蛋黄等流质或者半固体为主，想要从碗中准确地舀出食物放进嘴里，对于孩子来说也是一个不小的挑战。因此，父母在这个阶段应当重视孩子自己进餐的训练，这是孩子能否养成生活独立自主习惯的重要前提，同时对于手部的精细动作也可起到辅助推动作用。

①父母不要急于让孩子掌握用勺方法，毕竟这个时期只是孩子用勺吃饭的过渡期，比起单纯用勺子搅拌碗中的米糊，用勺子舀起饭再放到嘴里已经是一个不小的进步。在训练时，父母可以在孩子吃饱饭之后，在他专用的小碗里放一些大块且比较软的食物，如豆腐、鸡蛋、煮南瓜块、煮红薯块等，给孩子一把勺子让他戳着食物玩耍，父母则坐在对面往碗中放相同食物，用勺子慢慢将食物舀起、放到嘴里。

舀食物、放到嘴里的动作一定要慢，要让孩子看清全过程。经过一段时间的潜移默化，孩子就会明白，自己手中和碗里的东西和妈妈的一样，既然妈妈能够用勺子吃东西，自己也一定能，从而产生"勺子是一种餐具，可以用来吃东西"的念头，为以后用勺子打下基础。

②锻炼孩子用勺子舀食物，父母在孩子面前摆两个小碗，其中一个碗里装着煮熟的南瓜块、鸡蛋等食物，然后鼓励孩子用勺子舀食物，并将食物从一个碗中移到另一个碗中。刚开始给食物"搬家"并不一定顺利，所以父母可以为孩子提供一点帮助，如将食物拨到他的勺子上，用双手为勺子"护航"等，从而让孩子树立信心，激起他使用勺子的欲望。

③当孩子能够将食物顺利地从一个碗中移到另一个碗中后，父母可以让孩子用勺子将碗中的食物压成泥，然后舀起放到嘴里。即使每次

只能舀一点点也没有关系，重要的是让孩子感受到将勺子送到嘴里的过程。

除了用勺训练，父母还可以培养孩子其他生活能力，如刷牙、用梳子等比较简单且重复性较强的动作。在训练时，父母可先示范几次，然后和孩子一同练习。

（2）语言交流训练。

表情或者手势固然是孩子与外界交流的主要手段，但是语言毕竟才是人与人沟通的第一工具，如果孩子看到自己只用表情或者手势就能够得到自己想要的东西，就会"偷懒"，不愿意开口说话了。所以，在孩子模仿能力较强的第11个月，父母一定要注意用语言与孩子交流。

父母要给孩子创造说话的条件，如果孩子在提出自己的要求时，如玩玩具或者喝水使用表情或者手势、动作，父母可不予理睬，被拒绝几次后孩子就会逼不得已发出声音吸引父母的注意。不过，此时孩子发出的多为单音节，且口齿不清楚，父母不能笑话他，而应当及时纠正发音。例如，孩子说"水"，父母就反问他"你要喝水吗"，孩子如果回答"要"，父母再问"你要什么"，孩子就会顺着话语说"水"，父母再给予肯定"好的，你要喝水"。经过反复的练习，虽然孩子只能说出单音节的词语，但在他的头脑里已经有了完整词语的雏形，对于日后语言发育有很大帮助。

（3）大动作训练。

11～12个月的孩子除了站得比较稳，有的孩子甚至还可以独立地行走几步，并且喜欢推椅子。不要以为推椅子就是孩子对搬东西感兴趣，他是想借助椅子的力量让自己多走几步。所以，父母千万不要剥夺孩子的这个爱好，而是要求充分提供一切条件满足他的愿望。

①当孩子具有独立站的能力后，父母可培养其扶着走的能力。例如，将孩子放到长沙发一端，自己站在沙发的另一端，手里拿一个能发出声响的玩具，同时不停地重复："宝宝到这里来，你真勇敢。"让孩子扶着沙发慢慢地向前走，一直走到父母的面前。

②与孩子面对面站着，将孩子抱起后双脚分别放在自己的脚背上，父母握着孩子的双手，然后向后行走，同时嘴里发出"左右、左右"的声音，让孩子感受独立行走带来的乐趣。

③为孩子准备学步车、小推车或者可以拉动并且能使孩子保持平衡的玩具，让孩子借助这些外力掌握身体平衡。

④为孩子准备一个小皮球，示意他轻轻地踢一下球，并让他跟在球的后面，当球停止滚动后，孩子可再做踢球的动作，这样他的下肢肌肉能力、平衡能力以及视觉协调能力都能得到锻炼。

⑤爸爸躺在地上或者床上，将孩子肚皮朝下放到自己的腿上，妈妈坐在一旁将孩子的双臂伸展开，同时嘴里念叨着"飞啦、飞啦"，爸爸此时要配合将腿抬高，使孩子真的好像在天上飞一般。这个练习对于肢体肌肉配合、平衡能力都有一定的提升作用。

（4）小动作训练。

除了大动作外，小动作的训练仍然不能忽视，父母可将手部动作训练和认知训练结合进行。

①将孩子最喜欢的小玩具当着他的面用一层又一层的纸包好，然后藏到一个地方，问孩子"玩具哪里去了"，逗引孩子去找。当孩子找到后，鼓励他将纸包一层一层地打开，同时父母一遍又一遍地问他"纸里

有什么东西"，让孩子在拆纸包的过程中回忆里面是什么东西，从而使手指与大脑同时得到锻炼。

②给孩子准备几块饼干，父母先拿起一块说："这是一块饼干"，然后将饼干掰成两半，向孩子说明："这是两块。"以此类推，直到饼干被掰成小块为止。接着，父母将另一块完整的饼干交到孩子手里，鼓励其学着自己的样子将饼干掰开。不过掰开之前，父母要发出指令，首先伸出两根手指说："我要两块"，并示意孩子将饼干掰成两半递给自己；接着发出"三块""四块""五块"的指令，让孩子将饼干掰成小块，然后依照手指和指令递给自己。通过这个训练，可以锻炼孩子的手指力量以及对数字的认知能力。

③为孩子准备一个大开本且比较薄的彩图书，将书放到他的面前，父母可以指着图画给孩子做讲解，但是并不翻动书页。当讲完一页后，父母示意孩子将书页翻过去，一开始孩子的手指比较笨拙，通常会翻好几页，妈妈不要急着纠正，而是示意孩子将书页翻回去，并告诉他这一页的顺序不对。这种训练在锻炼手指灵活性的同时，对于孩子的空间知觉的发展也非常有益。

1~2岁：以行走、攀爬、追跑、涂鸦、堆积木、按键为主

孩子满周岁进入人生第二阶段，体格和脑的发育速度虽然较0~1岁前有所减慢，但仍很迅速。在1~2岁时期，孩子的体重约增加2.54千

克，身长增高10厘米，脑重已达成人的75%，脑细胞之间的联系日益复杂化，后天的教育与训练刺激大脑相应区域不断增长，个别差异开始表现出来。

1.观察认知、思维能力训练

（1）思维能力训练。

当孩子的活动和语言能力都有了一定的提高后，思维活动开始逐渐向概括性方向发展，如将大小不同的饼干称为大饼干、小饼干，将玩洋娃娃或者玩积木都归为玩玩具，并且能够将所针对的对象与自己联系在一起。例如，当孩子将玩具摔到地上时，他就会联想到是自己摔的，就会急忙将玩具抱起来，并学着大人的样子拍拍玩具，口中也许还会念着"不疼疼，不疼疼"。因此，在对孩子思维能力的训练中，妈妈应多使用联想法帮助孩子建立一个完整的思维体系，让孩子养成动脑筋的习惯。

①将孩子专用的毛巾、牙刷或者其他生活用品与妈妈的混在一起，每次洗漱时让孩子挑选自己的东西。如果孩子挑不出来，妈妈可给予适当的提示，如"你的牙刷是大的还是小的""你最喜欢什么颜色"，如果孩子最后挑对了，妈妈应当告诉孩子"因为你的嘴巴比较小，所以给你买了小牙刷"或者"因为你喜欢绿色的，所以给你准备的毛巾就是绿色的"诸如此类的解释，让孩子明白，原来生活中的点点滴滴都可以与自身联系在一起，以后再遇到什么事情就会养成先想再做的习惯。

②调皮的孩子如果在扔玩具时砸到妈妈的身上，妈妈应当用夸张的表情来回应孩子。由于他不能理解别人的疼痛，所以看到妈妈夸张的表情时不但不会感到害怕，反而觉得很好笑。此时，妈妈可以拿一个孩子

最喜欢的玩具，然后以这个玩具为主角编一个故事，目的是告诉他刚才的行为会伤害到别人。当孩子听到自己喜爱的玩具受伤时，就会感到不安，以后就会收敛自己的行为，即使再遇到类似的情况也不再认为这是一件非常有意思的事情了。

③将玩具放到床底下或者较高的地方，然后妈妈向孩子发出"求救"信号："玩具掉到床底下（或者在柜子上）怎么办？"当孩子请自己帮忙时，妈妈应当将问题"抛给"孩子："妈妈也不知道怎么办，你有什么好主意吗？"并提供一些道具，如凳子、扫帚等，最终让孩子学会爬上椅子够高处的玩具，用扫帚或其他物品取够不着的东西，这种训练正符合孩子"上天入地"的兴趣。

（2）事物特征认知训练。

孩子的观察力是根据年龄而定的，通常年龄越小的孩子观察物品的时间越短，为了能够使孩子更善于发现问题、探究问题，妈妈应当在这一时期加强对观察力的训练。

①给孩子准备一个红色的娃娃，告诉他这是红色，等下次再问孩子什么是红色时，孩子就会指着娃娃。此时，妈妈再拿出一顶红帽子，

告诉他这也是红色，如果孩子表示怀疑，妈妈可以多拿出几样红色的物品，如蜡烛、毛线团、毛衣、番茄等，让孩子与红色娃娃作比较，并问这些都是什么颜色。当孩子经过仔细对比后，就会得出"这些东西虽然不一样，但是都是红色"的结论，从而有助于养成对事物的观察习惯，也对红色有了认知的概念。

②抱着孩子去公园散步，观察周围的景物与行人，并随时向孩子提出问题，如"那个阿姨在干什么""她和妈妈有什么不一样""左边的大树和右边的大树哪个高、哪个矮"等。也可以带孩子去动物园，问他"长颈鹿是不是很高"，当得到孩子的肯定回答后，再带他到猴子山，问他"猴子是不是能爬树"，当孩子作出肯定回答之后，妈妈就开始出问题："小猴子爬到哪里比长颈鹿还高？"妈妈在不断提问中，引导孩子对周围事物产生兴趣，并将这种兴趣不断深入，最终形成属于自己的一套观察系统。

（3）性别认知训练。

有的孩子从2岁开始就表现出对成年人的身体很感兴趣，家里任何人洗澡都想看。很多人都认为，孩子一定被谁教坏了，其实并不是这样，因为这只是孩子性萌动的一种表现，这种性的认知是伴随着孩子成长一起发展的，是无法分离的，所以妈妈一定要正确面对孩子的性好奇，并利用这个机会培养孩子的性别认知能力。

①如果孩子吵着要看大人洗澡，如果是男孩就让爸爸领到浴室中，如果是女孩就让妈妈领到浴室中，然后在洗澡的时候告诉她："妈妈是女的，你也是女的。"并帮助孩子辨认自己身上各个器官。

②当孩子1岁之后，妈妈就要有意识地帮助孩子培养性别的认知意

识。例如，在平日衣着以及用品的颜色上偏重男女的不同，玩具的挑选上有目的性，根据性别选择相宜的发型，尽量不要在公共场合方便，特别是女孩子更要注意。虽然孩子对此并不一定能够理解，但是在妈妈的潜移默化下就会知道男女的不同是自然的天性，从而形成正确的性别认知概念。

（4）颜色认知训练。

孩子在2岁之前，通常最先认识的是红色，然后是黄色和黑色，颜色应当一个一个认，以免孩子发生混淆。当孩子能够将三种颜色都认全后，妈妈可以加大训练难度，让孩子对包含这三种颜色的物品进行分类，将相同颜色的挑出来。例如，妈妈准备红、黄、黑三种颜色的手绢各一条，三种颜色的小球各一个，三种颜色的积木各一块，然后说出一种颜色，让孩子将同样颜色的物品挑出来，锻炼孩子的颜色辨识能力。

当孩子能够准确地辨识出相同的颜色后，妈妈再制作三个不同颜色的小盒子，让孩子将不同颜色的物品放到对应颜色的盒子中，如将黄色的手绢放到黄色的盒子中，将黑色的小球放到黑色的盒子中。

（5）自我认知训练。

自我意识的培养也是感觉统合训练的一种，自闭症患儿的自我意识通常比较弱，不仅学习积极性低下，还很少与人交往，表现出人情冷漠。所以，妈妈也应当将自我认知训练纳入观察认知、思维能力的训练中。

情绪认知是自我认知的一种，也是比较重要的，是这一阶段孩子开始出现的问题。1~2岁的孩子通常会出现较强烈的情绪波动，例如：

①一见到陌生人就感到害羞、害怕，被批评或者自己的愿望没有得

到满足的时候会发脾气或者哭闹。此时，妈妈不要急着去哄他，而是要找到产生这种情绪的根源。例如，孩子因为打破玻璃杯害怕妈妈的责骂而大哭起来，妈妈应当先用温柔的声音问他"手有没有受伤""痛不痛"，然后说"妈妈知道你害怕，不过这一次妈妈不会怪你"等，让孩子了解到大人的想法，从而使过度的担心慢慢消失。这样既能培养亲子之间的感情交流，又能让孩子知道有时候哭并不是解决问题的方法，不开心的事情对妈妈说出来比藏在心里更好。

②找一本故事书，书中人物表情要丰富多彩一些，然后将这些表情指给孩子看，同时不断提出问题，孩子可能会作出如下回答。

问："为什么这个孩子不和其他小朋友一起玩？"

答："生气了。"

问："你怎么知道他生气了？"

答："脸气鼓鼓的。"

问："那么你喜欢他吗？"

答："不喜欢。"

问："为什么？"

答："他不听话。"

问："你愿意做一个生气的孩子吗？"

答："不。"

这只是我们模拟的一段对话，实际上，孩子可能由于语言能力问题，无法与父母进行完整的对话，但是父母可以在与孩子的交流中，根据手势或者单个词语将孩子的答案复述给他听，这对于培养孩子的语言能力也有一定的帮助。

（6）空间认知训练。

1～2岁的孩子尽管感觉发展得非常快，但对于空间概念的理解仍然有困难，所以父母在此阶段要培养孩子左右、上下、里外、前后等方位意识。

①准备红色、黑色、黄色三个小球，红色小球放到椅子下，黑色小球放到床上，黄色小球放到箱子左边，然后发出指示，并要求孩子一边做一边重复指示的内容。首先，妈妈说："去拿椅子下边的红色小球。"孩子一边找球，一边要重复"红色小球在椅子下边"的话。

②和孩子玩手在哪里的游戏。例如，妈妈说"我的手在床下"，孩子就要指着床下边；妈妈说"我的手在沙发的左边"，孩子就要指着沙发的左边。

（7）其他事物认知训练。

除了以上的认知训练外，父母还应当将认知的范围扩大到外界环境中，如对雨天、雪天、打雷、闪电等自然现象的认知；对汽车、火车、公交车、自行车等交通工具的认知；对半圆形、不等边菱形等不规则图案的认知等。

此外，还要对孩子进行抽象认知的训练。对于孩子来说，他所看到的就是整个世界，没有看到的就是不存在的，但父母应当为孩子树立这样一个观念：客观物体即使不在视线之内，也会继续存在。例如，爸爸即使不在房间里，也是真实存在的；家里虽然没有其他小孩子，但是并不是说世界上只有自己才是小孩子；没看过狮子，但狮子的确生存在地球上。这样做的目的在于，让孩子了解事物的性质。

2.记忆力的训练

1岁之前，孩子的记忆基本上是被动记忆，但从1岁开始，父母应当开始对孩子的主动记忆能力进行训练。

（1）事先告知孩子需要完成的记忆任务，第一天，妈妈带孩子出去玩，爸爸在家里要作十分羡慕状，请求孩子将看到的东西告诉自己。妈妈在带孩子出去的时候可以不断向他重复看到的东西，如"这是树""树下有石头""乌云"等。回家后，爸爸问孩子"你看到了什么"，孩子可在妈妈的提示下将看到的东西用简单的词语告诉爸爸。然后爸爸每个问题都要反问，如"你看到乌云了？"孩子要回答"我看到乌云了"。

（2）帮助孩子留意身边的事物。将孩子经常玩的玩具藏起来，然后向孩子形容与这个玩具有关的记忆，如"昨天你抱着它睡觉了""是奶奶送你的生日礼物"等。让孩子好好回忆之前发生的事情，可以培养孩子的短时记忆和长时记忆能力，对于孩子的语言理解能力的发展也会有促进作用。

（3）在给孩子讲述或者哼唱比较熟悉的故事、儿歌时，可以停下来，问孩子下面的内容是什么。让孩子"填补"的空白不必太多，一开始是一个词组，以后慢慢增加到一句话。

（4）让孩子给自己的玩具起一个名字，一开始玩具的数量在3~4个，过几天问问他哪三个玩具起了名字，它们的名字是什么。如果孩子能够回答上来，再慢慢增加玩具的数量。

3.想象力、创造力的训练

模仿并不是扼杀想象力的元凶，相反，适当的模仿能促进孩子想象力的发展，父母可在日常生活中注意训练孩子有意识的模仿能力，从而丰富其想象力、提高其创造能力。

（1）绘画是孩子最好的模仿活动，在照着实物画图的过程中能够激起孩子的灵感，使其在绘画时往往会脱离原物的特征，增加一些自己想象中的东西。例如，孩子在画太阳的时候，没有将太阳涂成红色，而是涂成了绿色，原因可能是大树的叶子将太阳"映绿"了。

让孩子自由发挥还有一个方法就是画"接力图"，先给出一个图形，然后让爸爸、妈妈、孩子以及其他小朋友按顺序在图形上各填几笔，使之成为一幅完整的图画。在画画过程中不必因循守旧，告诉孩子可以随便画，只要能够简单表述出自己所画的意思就行。但不论怎样发挥，最终一定要将画完成，以便在培养孩子想象力、创造力的同时，还可以使孩子与他人合作的能力得到提升。

（2）音乐是培养孩子想象力和创造力的又一法宝，从小培养孩子的

乐感对于大脑的发育有极大的促进作用。例如，通过抽象的音乐能够让孩子在脑海中浮现出对事物的想象，同时还能够促进情感提升。妈妈可以先给孩子放一首节奏欢快的短曲，然后和孩子一起随着音乐跳舞，妈妈将双臂展开，嘴里喊着"小鸟飞了"，然后看看孩子，问他"你呢"，并鼓励孩子摆出各种姿势。注意，由于身体所限，1～2岁的孩子还无法跳出比较复杂的舞蹈，所以即使摆一两个动作妈妈也要给予鼓励与表扬。

（3）联想法对于提升孩子的想象力与创造力也有促进作用。因为从其他事物中产生的联想用来解决新问题，就可以得到一个与他人不一样的结果，这正是创造力的重要体现。所以，在日常生活中，妈妈应当经常对孩子进行联想训练。例如，在吃饭之前，递给孩子一个勺子，然后问勺子除了吃饭还能做什么，如果孩子给出让人意想不到的答案，妈妈一定要给予鼓励，并与孩子一起讨论如何将该设想变成现实，从而激起孩子创造的热情。

4.注意力的训练

培养注意力要尽早开始，爸爸妈妈可以根据孩子专注力发展的特点，采取科学的态度和适当的方法，有计划、有目的地训练和培养孩子的专注力。

（1）第一天，将孩子独自放在一个比较安静的空间里，给他一个玩具，让他自己玩3分钟。第二天，用同样的方法，但时间延长至4分钟。以此类推，一直将时间延长至10～15分钟。

（2）挑选几个长短合适的故事，与孩子面对面坐好，利用丰富的词汇、逼真的表情和富有节奏感的声调为孩子讲故事。在讲故事的同时，要仔细看着孩子的眼睛，并注意观察他的表情是否有不耐烦的迹象。如果出现了这种迹象，可以随时向孩子提问，使其将注意力重新回到故事中。当孩子实在无法坚持下去时，可以宣布今天的故事结束了，第二天再开始，不要让孩子一边想着什么，一边听你讲故事。

（3）与孩子面对面坐着，手里或拿或转动一个彩色风铃，让孩子在风铃转动时仔细观察有几种颜色。如果孩子回答不出也不要紧，毕竟这个年龄的辨色能力还十分有限，只要他能够将注意力都集中在风铃上就可以了。

（4）给孩子一张画有几个简单图案的纸，让孩子仔细看1~2分钟，然后将图案纸拿走，重新放两张白纸，和孩子一起将刚才看到的几个简单图案都画出来。

5.语言能力的训练

1~2岁的孩子不仅能够掌握大量常见物品的词汇，对于一些形容词、量词、连词等也能通过模仿简单掌握。同时，由于"你""我""他"运用的启蒙，对于一些含有主谓宾句式的完整的简单句通过训练也能够掌握。

（1）在桌子上放一个录音机，然后逗引孩子说话，与他交流，谈话的内容不拘。然后将录下来的声音放给孩子以及家人听，让孩子认识到自己的声音以及自己与妈妈所说的话有什么不同，在对比中提高自己的语言意识。

（2）与孩子一起玩称谓接龙游戏，妈妈可以利用"你""我""他""它"等几个称谓与孩子进行一问一答的对话。例如，妈妈问"孩子吃饭了，谁是孩子"，经过引导他就会回答"我是孩子"，妈妈问"你在干什么"，他回答"我在吃饭"。接着，妈妈问"爸爸回家了，谁是爸爸"，他回答"他是爸爸"，妈妈问"爸爸在哪里"，他回答"爸爸在家"。如此反复问答，使孩子熟练掌握各种称谓的运用。

（3）妈妈将孩子的玩具放到他能够看到但是拿不到的地方，然后问孩子："你的小狗玩具在哪里？"孩子这时也许会表示很迷茫，妈妈应当对其进行引导，例如，故意指着错误的方向问他："是这里吗？"并鼓励孩子去四处寻找，教他说"在这里""不是""在哪里"等语句。这种训练在发展语言功能的同时，对于孩子的观察力、逻辑思维、运动知觉的发展也能起到促进作用。

（4）利用出行的机会，教孩子用"三字经"形容各种物品的属性，例如，在水果摊上，妈妈指着苹果和西瓜说"苹果小、西瓜大"；在公园里，指着大树和小树说"大树高、小树矮"；在动物园里，指着熊猫和猴子说"熊猫胖、猴子瘦"。

（5）利用说故事的方式引导孩子回答问题，例如，为孩子讲《乌鸦喝水》的故事之后，可以问孩子："乌鸦喝到水了吗？"若孩子回答"喝到了"，妈妈要接着问："怎么喝到的？"若孩子回答"石头"，妈妈可以继续发问，如果孩子回答不上来，妈妈可以进行循序渐进的引导。

6.生活能力、习惯的训练

自我照顾、养成良好的习惯是独立生活的必要条件，也是建立孩子社交发展的重要条件，它取决于孩子的模仿、知觉、大小肌肉、手眼协调以及认知能力，将各种感觉统合起来，形成一个整体。不过，学习任何一种新的本领都是一件复杂的事，孩子适应这些训练需要有一个过程，父母要有耐心，要给孩子适当的帮助。

（1）大人在吃饭的时候不要将孩子"排除"在外，可以将孩子放在自己的腿上，让他看到妈妈或者爸爸用筷子吃饭的样子。在吃饭的时候，妈妈应当用表情告诉孩子饭菜非常好吃，从而激发他用筷子吃饭的欲望，如果孩子提出要用筷子，妈妈将一双儿童筷子递给他，并强调这是他的专用筷子，让他形成一个自我认知的意识。夹菜时，可从芸豆等比较容易夹的蔬菜开始；妈妈也可以将红薯、胡萝卜或者南瓜切成容易夹的小块，利用孩子学习夹菜的热情培养他不挑食的习惯，这也是培养孩子生活能力和习惯的重要步骤。

（2）孩子快2岁时，虽然无法完成穿衣服、系扣子等比较复杂的穿衣行为，但应当能够独立完成脱衣、脱帽、脱鞋袜和手套的行为。妈妈应当为孩子选择比较方便脱的衣物，如没有鞋带的鞋子，袖口宽大、宽松的前开口上衣等，同时在训练时要给孩子做示范，并将脱衣过程编成顺口溜讲给孩子听，加深他的印象，如"脱衣服，握衣襟；向上伸，要闭眼；拽袖子，慢慢拉；小衣服"，或者"小手套，十个指，慢慢拽，别着急"。应当注意的是，在念"三字经"时一定要将动作都对上，以免孩子产生错误认知。

（3）在这个年龄段，孩子在白天的睡眠逐渐减少，所以父母应当为孩子制订作息时间表，这个作息时间通常是由父母帮助执行。例如，父母希望孩子白天睡觉的时间是在午饭后，那么一到这个时间，不管他困不困都要让他上床休息。慢慢地，孩子的生理时钟就会变得有规律，养成良好的睡眠习惯。

（4）由于食物开始逐渐取代母乳，1～2岁的孩子大小便的意识增强了，父母应当进一步加强训练孩子蹲便盆的意识。不过，加强训练并不等于强迫，父母应当采取各种"柔化"政策，让孩子更加主动愿意使用便盆。

例如，带着孩子去买一套带有可爱小熊图案的内裤，并告诉他方便的时候就可以看到小熊了，使孩子对脱裤子坐便盆有一个好的印象，从而由前一阶段的被动蹲便盆变为主动。

逐渐使尿布远离孩子，让孩子慢慢习惯没有尿布的生活。刚开始，孩子会出现尿裤子等问题，不过因为没有尿布所以屁股就会感到不舒服，经过几次孩子就会形成不能再像从前一样随便方便的意识，此时妈妈在孩子想方便时指着便盆，一字一句地问"你想尿尿吗？"而不是像从前直接将孩子抱到便盆上。当得到孩子的肯定后，妈妈给孩子做脱裤子、屈膝坐下的动作示范，一定要一步一步来，即使在这当中孩子没有忍住尿裤子了，也千万不要责骂，而是递给孩子毛巾或者手纸，让他自己擦干净，不管孩子是否能擦干净也要给予鼓励、表扬。

（5）孩子很容易得寄生虫病，这不仅关系到肠胃消化问题，寄生虫还会影响他的大脑发育，容易造成感觉统合障碍。特别是2岁以下的孩子，由于器官发育不完善，一旦患了寄生虫病后不能服用药物，所以父母更要注意孩子的卫生问题，从小养成饭前便后洗手的习惯。利用儿歌的形式向孩子说明洗手的全过程是一个不错的方法，如"小手在哪里，看看脏不脏，先挽小袖子，再开水龙头。让手沾沾水，关上水龙头，滴滴洗手液，搓出小泡沫；手心和手背，手指和指缝，指甲别忘了，也要搓揉到。最后打开水，泡沫冲干净，从小讲卫生，健康好宝宝"。

2~3岁：以听故事、唱歌、游乐、动作技巧、扮演游戏为主

2~3岁孩子感觉统合训练较之前的训练更复杂而丰富，每种能力的训练都不同程度地涉及其他能力的培养，只不过是训练的重点不同而已。例如，孩子原本只能爬或者走几步，但是当慢慢习惯行走之后，他接受信息的高度获得提升，视觉与听觉更为发达，喜欢在听故事、唱歌、游乐等活动中学习将各种感觉协调一致，并学习人际互动的技巧。此外，由于不用爬行或者扶着走路，孩子的双手能够发挥更多的作用，从而为未来学习更复杂、需操作的动作运用技巧做准备。

1.观察能力的培养

之前的大多比较抽象，如仅凭着眼睛让孩子初步判断哪个长哪个

短、哪个胖哪个瘦，当孩子到了2~3岁，妈妈就要将这种抽象的比较观察落实到孩子手中。同样是比较长短或者厚薄，妈妈可以从日常生活中的物品中找出示范的道具，并编一个情节简单的故事，让孩子明白了解实实在在的"长短之分"。

（1）准备两根长短区别不大的铅笔，教孩子从细微之处比较长短，具体过程可以用讲故事的方式。

较长的一根铅笔对另一根铅笔说："我比你长！"

另一根铅笔不服气地说："咱俩长得差不多，凭什么说你比我长？"

较长铅笔说："那咱们就躺下来，让宝宝作裁判，比较一下看谁长。"

此时妈妈将两根铅笔的一端对齐，让孩子看看哪一根比较长，如果不能立刻说出答案，妈妈可进行引导。当比较完铅笔的长短后，妈妈还可以在纸上划线，让孩子进行比较。

（2）与孩子做一个寻物比赛游戏，首先妈妈和孩子分别从家中找出两本书或者画册，相互进行厚薄比较，在比较的过程中妈妈让孩子观察两本书之间的书脊和书页，并作出说明，如"你的书比我的薄"或者"我的书比你的厚"。如果孩子拿了一本比较薄的画册，妈妈可以对他说："宝宝，找一本比妈妈厚的书。"当孩子成功地找到较厚的书之后，妈妈说："哎呀，你的比我的厚，我也要找一本比你厚的。"从而用这种比赛的方式培养孩子的观察能力。

2.记忆力的培养

孩子的记忆力正是飞速发展的时期，已经能够很快记住物体的形状、名字，不需要太多的重复。因为这个阶段孩子大多还是由父母或家人照顾，没有送到幼儿园，所以其记忆力的训练也多是从生活中来。

（1）在吃饭的时候，妈妈可以多做几个菜，吃饭的时候问孩子："好吃吗？"孩子若回答"好吃"，妈妈问他哪几样菜好吃。孩子如果无法准确说出菜的名字，也可以用手指，妈妈应当根据其指的内容反复重复菜名，让孩子产生深刻的印象。等到第二天，妈妈将孩子前一天指出的一样或者两样菜重做一遍，与其他菜混合，看孩子是否能够意识到有些菜肴与昨天一样，而且是自己喜欢吃的。如果孩子没有意识到，妈妈可以向他提问，如"这里面的哪样菜昨天吃过啊？"

（2）和孩子一起将散乱的玩具放到架子上，妈妈一边收拾一边将玩具摆放的位置告诉孩子，如"小熊玩具、娃娃放在第一层架子上""电动车和水枪放在第二层架子上"。当孩子想玩玩具时，妈妈问他："你想玩什么？"如果孩子回答"我想玩小熊玩具"，妈妈再问："小熊玩具在哪一层？"如果孩子能够回答上来，妈妈就对孩子说："真聪明，那请你把小熊叫过来和咱们一起玩吧"；如果孩子回答不上来，妈妈可给予提示，如"小熊玩具和谁待在一起"或者"小熊玩具在水枪的下面"，等等，引导孩子回忆起玩具的确切位置。在游戏完毕后，妈妈对孩子说："请把玩具都送回家吧！"如果孩子放错了，妈妈可对他说："你看，玩具迷路了，因为想家在哭呢，好好想想它的家在哪里？"然后用各种提示指引孩子找到正确的位置。

3.思维能力的培养

直观具体的思维能够在多样化的活动中得到发展，这对于孩子判断力和推理能力的形成起到积极的作用。对其思维能力的训练从以下三方面入手：

（1）学会数数并理解数量的概念。这个年龄段，孩子不仅应当学会10以内的数字认识，还应当认识到数字与数量的关系。例如，妈妈准备一些花生和几张写有数字的纸片，对孩子下达指令："现在我的数字是'6'，请拿出和'1'相对应的花生。"孩子如果能够挑出1颗花生，妈妈可以继续增加数量。如果不能，就要向孩子说明"1"和"1颗"之间的关系。

（2）利用语言促进思维。妈妈可通过提问的方式引起孩子的思考，如带他去看汽车，然后问他："汽车是跑还是飞"，若孩子回答"汽车跑"，然后妈妈再问："汽车为什么能跑？"若孩子回答不上，可以用引导的方式使其将汽车的属性联系在一起，如"汽车能跑是因为有轮子""轮子能带动汽车跑是因为它是圆形的""圆形可以在地上滚动，所以能带动汽车跑"。然后还可继续发散思维，让孩子联想到不仅汽车，自行车、三轮车、火车的轮子也是圆的，所以它们也能跑。

（3）训练孩子解决问题的能力。让孩子通过一件事情，预想可能会发生什么结果，并让孩子提出解决问题的方法，从而教会孩子去思考、推理并学会应当怎样做。

妈妈准备一根雪糕放到碗里，问孩子如果雪糕一直不吃会出现什么结果？孩子可能会回答不出来，妈妈接着对他说："那么咱们就做个试验吧！"与孩子一同观察雪糕的情况。当雪糕最终化成一碗水后，妈妈问孩子："雪糕怎么样了？"孩子会回答："变成水了。"妈妈再问："怎样才能让雪糕不化成水？"并提出几个方案，让孩子作出选择并解释为什么要这么做。

4.想象力和创造力的培养

想象力和创造力是思维能力发展的结果，是孩子丰富记忆的结果，将决定孩子将来工作职业的方向。2岁之前孩子已经具有一定的想象力和创造力，但多是无意识的，因此，父母应当在这个阶段着重对他进行有意识的想象力和创造力的培养。

（1）角色游戏。让孩子在扮演角色中发挥自己的想象力和创造力。带孩子到商店观察售货员是怎样工作的，回家后与孩子做角色扮演游戏。不过角色扮演并非单纯地买东西、卖东西，而是要加入孩子的想象，编一个有趣的故事。例如，妈妈扮演售货员，孩子扮演小熊，背景是小熊妈妈生病了，想吃蜂蜜，于是小熊历经千辛万苦来到商店买蜂蜜，却遇到一个有点糊涂的售货员，小熊凭借自己的聪明终于买到了蜂蜜。在游戏过程中，妈妈可适当地"刁难"一下孩子，看他怎么解决问题，当然解决方法可以天马行空，只要孩子能够想得到，妈妈不妨配合孩子一起在童话世界中遨游。

（2）故事。妈妈问孩子："你希望家里住着一个小精灵吗？"孩子一定会很高兴地说原因，然后妈妈说："不如我们猜一猜这个小精灵在做什么吧！"接下来，每天都要与孩子一起讲述小精灵的故事，记得要将故事都记下来，如果担心无法记全，不妨用录音机将两个人的对话录下来，再根据录音整理到纸面上。

（3）交一个"空气朋友"。在这个年龄段，孩子很可能会有一个"空气朋友"，这个朋友存在于孩子的大脑中，妈妈不要粗暴地告诉孩子他的朋友是不存在的，而是要趁机利用这个机会培养孩子的想象力和创造力。例如，出门前问孩子"你的朋友要不要一起去？"吃饭时如果孩子挑食就告诉他"你看小朋友都不挑食"，如果孩子因为怕黑不肯让妈妈离开自己，妈妈对他说"小朋友就在你身边，陪你一起睡，所以不要怕"。孩子的这种情况一般会持续到5岁左右，所以父母并不用担心，在这段时间内满足孩子的想象力，让他体验到各种乐趣。

5.动作能力的培养

孩子的手、脚已能熟练运动，能够形成各种动作，不过手眼协调、平衡能力、精练动作方面还有些欠缺，所以训练主要以从以下方面入手。

（1）2～3岁的孩子可以进行双足跳的训练。父母可以摆两个小球，告诉孩子："咱们比赛，看谁能够第一个拿到小球。"

（2）鼓励孩子单脚站立练习。父母站在一旁随时防止孩子跌倒。一开始孩子只能站几秒钟，而且还歪歪扭扭无法站稳，但是经过反复训练就可以单脚站立10秒钟左右。

（3）发展手部能力。挖泥巴、拼贴画不仅可以锻炼孩子的想象力、注意力、观察力，对手部动作的训练也起到很大的作用。例如，通过揉、捏、握、抓、压等动作增加手指、手腕、手掌的力量，提高孩子动手创造的能力。

（4）骑三轮童车是协调手脚眼动作的一个好方法，而且骑三轮童车还能增强孩子的体质，培养孩子胆大心细、集中注意力的良好习惯，还可以借此训练孩子动作的协调性、敏捷性和良好的反应能力，并能帮助孩子理解交通常识。训练前，可先让孩子推着小车小跑，待腿脚活动开后，再让孩子上车，帮助他将双脚放到脚踏上，妈妈拉着小车在前面走，让孩子腿脚随着脚踏进行活动。

6.习惯和生活能力的培养

孩子虽然已经具有一些简单的习惯和生活自理能力，但还远远不够。更重要的是让孩子学会自己养成习惯、具备生活自理能力，而不是父母强迫他做这一切。

（1）3岁的孩子应当学会穿衣服，妈妈不仅要训练其如何穿衣服，还要加快穿衣服的速度。训练的方法可以示范、实践或者用布娃娃做实验，让孩子脱去娃娃的衣服，然后帮它穿上。

（2）为了进一步培养孩子的穿衣能力，妈妈不妨在前一天事先征求孩子的意见，问他第二天穿什么款式和颜色的衣服。到了第二天，妈妈可提醒孩子去衣柜中拿前天晚上已经选好的衣服。如果天气临时有变，还可以让孩子自己选择不同的衣服，但一定要给予引导，以免孩子在雪天穿着薄衫出门。

（3）穿鞋和穿衣服一样，孩子很容易将鞋穿反，这主要是由于动作的协调以及空间感较差引起的。在训练时，妈妈一定要将规则和要领用准确的语言告诉孩子，并且示范给他看。如果孩子的情绪较抵触，不妨换个方式让孩子接受。例如，妈妈拿出一双鞋告诉孩子："这两双鞋是不是一模一样啊？"如果孩子的回答是肯定的，妈妈再说："不对，你看，他们虽然是两个好兄弟，但是有明显的不同哦。"一边说一边将不同之处指给孩子看，然后对孩子说："要是把鞋子穿反了，他们就会闹别扭，走路也走不好；如果穿对了，鞋子兄弟就会非常高兴，走起路来一蹦一跳，别提多开心了。"

孩子穿鞋时，如果鞋子穿反了，妈妈不要告诉他穿得不正确，而是简单地提醒他："鞋子生气了，宝宝该怎么办？"孩子就会立刻将鞋子重新进行调整，使左右鞋子合脚舒适。

7.社会交往能力的培养

这个阶段孩子虽然可以渐渐融入陌生环境，并能与小朋友结成玩伴，但有些孩子却有可能过于依赖父母或亲人，胆小、羞涩、自私，很难与人相处。所以，父母要密切注意孩子的特征，有针对性地进行训练。

（1）自我介绍是培养孩子社交能力的第一步，不妨多让孩子表现一下自己。例如，在其他小朋友或者成人面前进行自我介绍，说出自己的名字、年龄、喜好等内容，以提升孩子的社会交往能力和养成主动、大方的性格。

（2）为孩子创造与其他小朋友接触的条件，如与有年龄相仿孩子的邻居事先做好沟通，让邻居邀请自己的孩子去他家里玩。如果孩子表示犹豫或者胆怯，妈妈应当给予鼓励，并为他准备出门的衣服，让孩子享受到出门做客的乐趣。

（3）平日在孩子面前多注意用"请""谢谢""再见""你好"等词语，让孩子掌握日常交际的礼貌词汇；培养孩子的是非观，如果出现咬人、打人等行为，千万不能因为孩子还小就不放在心上，一定要用语言、手势、眼神批评他，增强孩子的控制力。

（4）邀请小朋友到家里玩，妈妈可以让孩子自己招待他的小客人，如分配水果、分配玩具；与孩子玩"过家家"的游戏，给孩子分配任务，并告诉他如果不完成任务，其他人就不能做某事，从而树立孩子的集体观念。

8.语言能力训练

2～3岁的孩子因为记忆力高速发展，丰富了大量语言词汇，已处在语言表达的阶段，加上他有了许多生活的经历和认识了万事万物，所以，这个时期，父母要教他把话说完整，并且说得有条理一些，这对于孩子的语言能力的发展会产生一个飞跃。

（1）纠正孩子的发音，孩子舌头短，并不会协调唇齿以及舌头发出正确的发音，如把"姥姥"说成"袄袄"，把"大鱼"说成"大鸟"，把"汪汪"说成"芳芳"。妈妈一定要严格地予以纠正，不能"姑息"。例如，孩子喊"袄袄"，姥姥就不要答应，而妈妈此时问："宝宝你在叫谁？"孩子会指着姥姥，妈妈对他说："这是姥姥，不是袄袄。"反复几次，以便加深其印象。

（2）丰富孩子的词汇量，这是提高语言能力的重要前提，只有掌握更多的词汇才能够让孩子轻松开口说话。丰富词汇量的方法很多，如买回雪糕，便可以教他"雪糕"这个词。以后再买雪糕时，妈妈就可以问他这是什么。孩子回答正确后，妈妈再让他摸摸雪糕，告诉孩子手上的感觉是"冰凉"的，并反复教他说这个词语。当孩子记牢后，妈妈让孩子摸摸冰箱，然后问他是什么感觉，孩子如果掌握了"冰凉"这个词，就很容易说出自己的感受了。

（3）教孩子学习长句及语言逻辑关系，在已经掌握主谓宾结构后将句子继续加长。例如，孩子学会说"我喜欢妈妈"，妈妈可以引导孩子将

"喜欢妈妈"扩展至"喜欢爸爸，喜欢奶奶，还喜欢姐姐"。妈妈也可以在一旁进行复合句提问，如"你在天上看到了什么，在地上又看到了什么""你先吃什么，再吃什么""这个气球是谁的，那辆小车又是谁的"等。让孩子顺着成人的提问回答问题："我在天上看到月亮，在地上看见汽车""我先吃黄瓜，后吃蛋糕""这是我的气球，那辆小车是他的"。这样的提问对训练孩子的语言逻辑思维能力有积极的促进作用。

（4）让孩子叙述自己看到的事情，所叙述的事情一定要说真实发生的，如果孩子只能用一些长句来形容，父母可协助将长句用关联词连成完整的一段话，并让孩子复述一遍。倘若孩子不愿意复述故事，不妨告诉孩子"这句话是爸爸或妈妈想知道的，快去把话复述给他（她）听"。这种方式简单有趣，孩子通常都会乐于参与。

（5）儿歌、古诗短小又押韵，孩子在朗诵或者背诵时通常会比较轻松。特别是在念儿歌的时候，父母应当结合孩子看到的实景，如带孩子去海边玩，父母指着大海朗诵："天蓝蓝，海蓝蓝，小船漂，小鱼游，层层波浪滚起来……"这样孩子在背儿歌或者古诗时就更有意境了。

（6）教孩子一些简单的英语，如"Bye Bye"（再见）、"Thank you"（谢谢你）、"Hello"(你好)等，以及孩子比较熟悉的食物或者其他物品的名称，如蛋糕、西瓜、小汽车等。当孩子掌握了一些英语词汇后，父母再教孩子简单的能够练习单词的英语儿歌，在唱歌的同时指出唱出的物品，最好和孩子比赛，看谁指出的物品多。

（7）让孩子参与到编故事中，不再在故事结束后才与孩子开始互动，而是要在讲故事的过程中利用提问的方式加以引导。例如，妈妈在孩子讲《猴子捞月》的故事时，可以先开一个头："从前有一群猴子……"接着问孩子："这群猴子看到月亮后在想什么？"从而引导孩子说出："猴子看到月亮后觉得它很漂亮，想要将月亮摘下。"然后妈妈边听边附和，并问"后来呢？他们怎么做的？"直到孩子将故事讲完。在故事的选择上，最好以孩子听过或者比较熟悉的故事为宜，让孩子在原故事的基础上用语言充分发挥自己的想象力，充分调动大脑细胞的积极性。

3~6岁：以重复故事、稍有难度的游戏为主

经过大量实践经验表明，3~6岁是养成良好学习能力的关键期，通过感觉统合训练来培养他们的学习能力，从中培养孩子的学习兴趣，使其能积极参与感觉统合训练，并从丰富的训练中感到快乐和满足，使孩子的各种感觉能够得到协调与统一，成为情绪稳定、人际关系完好、性格开朗、充满自信的独立个体。

1.语言训练

3～6岁为孩子语言最佳培养期，这期间大脑的发育非常迅速，语言功能也得到迅速发展，因而在这一时期对孩子进行口语培养训练具有至关重要的作用。例如，让孩子经常讲述发生在自己身边或自己亲身经历的事情并加以鼓励，不仅能培养孩子的语言能力，还能培养孩子的自信心。

（1）将汉字"还原为"甲骨文，例如，在教"日"这个字的时候，父母可以先在纸上画一个圆，然后在中间点一个点，向孩子解释这个字的形声意思；或者，在教孩子各种动词如"走""跑"的时候，让孩子摆出相应的姿势，使他充分理解汉字的构成。

（2）将家里物品的名称写在纸上，然后贴在相对应的物品上，不断刺激孩子的视觉，将看到的汉字印到大脑中，避免枯燥反复的记忆让孩子产生反感。为了能够充分利用家里的资源，父母可以不断"指使"孩子多做点事情，增加孩子看到物品上贴字的机会，还可以锻炼他的生活能力。

除了这些方法外，看图识字、与孩子一同朗读也是调动孩子学习汉字积极性的一个方法，不过应注意的是不要让孩子过度沉迷于图画，以免一离开图片就不认识字了。

（3）用拼字造句的方法让孩子理解句子与词汇之间的关系，以免单独抽取一个字让他读识时就不认识了。例如，"妈——妈妈——妈妈的手——妈妈的手很温柔"，"天——天空——天空蓝——天空蓝得像大海"等。

（4）将孩子的识字建立在他的兴趣上，不少父母都有这样的体会，平时让孩子识字，他的抵触情绪通常很大，总是拖拖拉拉不肯按照父母的要求去做，即使当时记住了汉字，过后再问就一问三不知了，因此父母应当使孩子变被动为主动，多带他到外边汉字较多的地方，当孩子看到商店上的名字、广告牌的时候就会主动开口问。

2.逆向思维训练

此阶段孩子的思维活动已经从简单的思维发展到逆向思维，这会影响孩子思考问题、解决问题的能力，父母也要给予积极的训练。

（1）3～4岁的孩子属于直觉行动思维阶段，思维模式比较简单，不具备深度和广度，因此要适当进行浅层次的逆向思维训练，以便激发孩子思考的兴趣，使大脑处于积极活动的状态，将单向思维转变为双向的抽象性思维。

①与孩子玩"石头、剪刀、布"的游戏，赢的一方要做沮丧的表情，输的一方做兴奋的动作，如果谁做错了就要受到"惩罚"，如讲一个故事，唱一首歌或者完成赢方发出的指令。

②将一些经典的童话故事重新改编，引导孩子从不同的角度构思故事的结局，如《三个和尚》的故事，妈妈就可以引导孩子猜测如果三个和尚没有只为自己考虑，而是将大家的利益放在第一位，还会不会有没水吃的结果；《龟兔赛跑》中，如果兔子没有骄傲或者乌龟从一开始就认定自己会输，还会不会有"龟赢兔输"的结果。通过改编这些故事，让孩子意识到事物并不是绝对的，而是存在很多不同的方面，有助于他们克服单向思维，使思维发展到更高水平。

③利用句式转换的方式也可以培养孩子的逆向思维，如妈妈对孩子说："宝宝，你亲一下妈妈。"当孩子亲了之后，妈妈再对他说："宝

宝，妈妈想让你亲一下。"如此引导孩子明白，即使是不同的句子也具有相同或者相似的意思。

④妈妈提出一个问题，和孩子一起讨论各种解决的方法。如妈妈对孩子说："我今天遇到了一个难题，能帮我解决吗？"然后提出这个问题，让孩子想出解决方法，当孩子提出一个后，妈妈要说："这个方法不错，不过我想你应当还有更好的方法。"尽量鼓励孩子开动脑筋，说出的解决方法越多越好。

（2）4～5岁是孩子思维活动发展的关键阶段，此时进行逆向思维训练可以丰富孩子的知识，帮助孩子学会从正反两个方面思考问题，并作出判断。

①利用教孩子识字的机会，让孩子说出词语的反义词，如妈妈说"白鹅"，孩子就要说"黑鹅"；妈妈说"白天有太阳"，孩子就要说"夜晚有月亮"等，让孩子在识字的过程中丰富词汇量，提高逆向思维记忆力及思维的流畅性和敏捷性。

②向孩子提出古怪的问题，如"怎样才能让寒冷地区的人购买冰箱""怎样让不爱吃蔬菜的小朋友不挑食"等，让孩子天马行空地想象，家长也要跟着一起提出不同的答案。

③利用数学运算的方式训练孩子的逆向思维，如妈妈在孩子面前摆出10颗糖果，先将糖果分成均等的两组，问孩子："5颗糖果加上5颗糖果等于多少？"如果孩子顺利回答出来，妈妈再将糖果分为3颗一组和7颗一组，问孩子："3颗糖果加上7颗糖果等于多少？"如此反复，让孩子了解到虽然问法不同，但答案是一样的，因此不能被表面现象"蒙蔽"。

（3）在5～6岁阶段，孩子的抽象逻辑思维得到进一步发展，能够使用概念、判断、推理等思维形式进行思维活动。

①妈妈拿一个钟表，与孩子站在镜子面前，让孩子从镜子中看钟表，说出准确的时间；或者，妈妈伸出左手，让孩子判断镜子中的手是哪一只手。

②与孩子进行辩论，自己提出一个观点，让孩子从另一个观点进行辩论。例如，妈妈说"吃零食好"，孩子就要从"吃零食不好"出发，说出自己的判断。通过这种辩论，让孩子明白不能简单说零食好或者不好，而应当结合具体情况具体判断。

③让孩子进行创造，如妈妈给孩子一张白纸，告诉孩子"这是一张藏宝图，但必须由你画出来"。让孩子"从无变有"，画出心目中的"藏宝图"。

3.性格、情商训练

3～6岁通常被称为儿童的"潮湿的水泥"期，"泛灵"心理逐渐增强，即将周围一切物品都视为有生命的，经常与玩具对话或者刻画出自己想象中的"空气朋友"，父母可以利用孩子的这种特性，来培养他的性格和情商。

（1）父母教孩子爱护物品时，可以采用拟人化的方式，如告诉他："如果将小凳子乱摔的话，它就会感到很痛，你愿意看到小凳子流眼泪吗？"或者对他说："瞧，墙壁的脸被弄脏了，成了花脸的小猫咪，会被其他小朋友嘲笑的。"孩子听了之后就会非常注意，不仅不再破坏物品，还会主动采取保护措施。用这样的方法比训斥、责怪、打骂的效果要好，能够很好地纠正孩子一些不爱惜玩具、撕书、扔东西等不良行为。

不过，利用孩子的"泛灵"心理进行教育应当有年龄限制，通常4岁半以后就不宜再这样教育，以免让孩子永远脱离不了"泛灵"心理，成为长不大的孩子。

（2）情商对于控制情绪非常重要，但孩子的情商通常不完善，因此有时候会乱发脾气。父母如果用尽方法"镇压"，不仅会让孩子反抗得更厉害，还会伤害亲子之间的感情。所以，父母在训练孩子的情商时一定要让孩子表达健康的情绪，如给孩子准备一个垃圾桶，告诉孩子"不开心的事情全都扔到垃圾桶里"或者生气时吹气球等，让孩子用健康的方式表达出情绪。

（3）如何与陌生人接触、如何才能交新朋友对于孩子来说非常重要，如果孩子一见到陌生人就出现焦虑、害羞或者无法适应新的环境，父母最好经常带孩子去人较多的地方，让孩子适应人群，减少对陌生人过度防御的心理。在遇到其他小朋友的时候，父母可以不断引导孩子主动搭话，消除其羞涩心理，让孩子在不知不觉间与他人建立起沟通的桥梁。

4.有意注意力训练

将无意注意力逐渐向有意注意力过渡，要求孩子做事情的时候要有

一定的目的性和明确的任务性，并且要具有一定意志力，让孩子在注意活动中处于主导地位及积极、主动、自觉保持注意。

例如，在吃饭后，老师可以要求孩子把自己的小桌子都擦干净，不要留下一粒米粒。父母在家里也可以要求孩子，每天浇花1次，每次的水量在半壶，不能多也不能少。老师或者父母要检查完成的情况。做得好，给予鼓励，做得不好的地方就要重做。注意，要求给孩子的任务一定要明确，且一次不要过多，避免孩子既注意这个又注意那个，反而会让孩子的注意力分散且不知所措。

第八章

在游戏中提高感觉统合能力

　　孩子年龄小，注意力很难集中，好奇好动，所以平常的训练对他们来说有些枯燥乏味，这样接受起来也困难，效率很低。感觉统合训练最佳的方式就是把训练融入游戏之中，孩子在游戏中开心玩耍，不知不觉就能完成长时间的感觉统合训练，提高孩子的感觉统合能力。

玩转大龙球

游戏目的：

（1）刺激孩子的前庭发展。

（2）触觉刺激促进孩子全身感觉统合平衡。

（3）增进群体合作性和协调性。

适合对象：1～4岁孩子。

游戏过程：

（1）孩子趴在球（光面球）上时手脚自然放直，父母抓脚做前后左右旋转。

（2）孩子仰卧于球上时，父母协助其做前后左右旋转。

（3）孩子平躺于地，球从踝关节处旋转而上，父母用整个小手臂压于球上弹动。

（4）孩子趴在地上时，球从脚底旋转2～3下而上，手法跟孩子平躺于地一样。右手弹，左手压下往前，往后走，注意安全。

（5）孩子躺在地上，父母拿大龙球从孩子身上弹过。

（6）孩子可反过来，趴在地上，身脚自然放平，不屈肘。方法同（5）。

（7）让孩子站到墙角，父母与其面对面，中间夹一大龙球，同时使力。

（8）对于小一些的孩子，妈妈可抱着孩子坐在球上弹动，弹跳力别太高；然后让孩子自己坐在龙球上，妈妈扶在孩子的腋下辅助弹跳；再一轮，让孩子站在球上，妈妈辅助孩子弹跳。

（9）让孩子坐在大龙球上丢接物品。

（10）孩子俯卧大龙球上抓东西，孩子仰卧大龙球上抓东西。

（11）让孩子对墙站，用大龙球先对他进行背部挤压，再做正面的挤压。

（12）让孩子在大龙球上练习手脚离地，自己用双手、脚、头部力量保持平衡。

注意事项：

（1）父母的脚一前一后站立，前脚放在大龙球下面，一手扶孩子腰，一手扶球，前后左右旋转，一般父母的手（虎口）要扶在孩子的腹部和背部，特别是旋转时。

（2）对触觉敏感的孩子，压背部（趴卧）更容易接受些。可以在孩子身上加一块毛巾或把大龙球的气体只装到一半，让孩子感受重力的变化。

（3）刚接触游戏时滚动速度不要太快，熟练后可以逐渐改变速度，让孩子体会身体的平衡感。

（4）游戏过程中，父母一定要保证孩子的安全。

玩转花生球

游戏目的：

（1）促进孩子的触觉发育，增强反应能力。

（2）提升孩子的运动控制能力、身体协调能力，增加平衡感。

适合对象：2～6岁孩子。

游戏过程：

（1）孩子跨坐在花生球上，前脚掌着地后脚跟稍夹紧花生球，可先做原地弹跳，熟悉后，可往前跳跃。

（2）让孩子趴在花生球上，手掌放在花生球的1/3处，慢慢滚动花生球，身体自然随着球的滚动向前移动。球离开孩子的手臂后，让其手撑地继续滚动，直至脚面碰到球上。然后手撑地往后滚动，直至脚在地上，手臂在花生球上。

（3）以上运作熟练以后，可以让孩子仰面躺在花生球上，如上一步动作一样，向前或向后随球的滚动而移动身体。

注意事项：

（1）注意孩子的坐姿，以防跳跃时往前扑倒。

（2）注意运动中头要抬高，滚动不可太快。

（3）父母与孩子合作时一定要有口令配合。

玩转羊角球

游戏目的：

（1）使肌肉放松和收缩，增强肌肉力量，提升运动能力。

（2）建立身体平衡能力、全身协调能力。

（3）培养孩子反应的灵敏性，培养其对体育活动的兴趣及活泼开朗

的性格。

适合对象：3～6岁孩子。

游戏过程：

（1）手抓球的羊角，原地弹跳。

（2）手抓球的羊角，往前跳跃。

（3）孩子能在球上熟练弹跳以后，可以一边跳跃一边教他学唱儿歌或说顺口溜。

（4）设置障碍，让孩子和羊角球一起跳着绕过去。

（5）在地上放些小个儿玩具之类的东西，让孩子一边骑着羊角球跳跃，一边去捡玩具。

（6）在地上画一条线，让孩子和球一起顺着画好的线跳着前进或后退。

注意事项：

（1）要注意孩子的正确姿势，所有跳的动作，脚掌着地，腰要挺起来。

（2）应注意孩子的安全。平衡感差的孩子易倒地，父母可在后面保护做原地弹跳，熟悉以后再放手。

（3）不要急于求成，让孩子慢慢练习。

（4）家里不能像幼儿园一样把大龙球、花生球、羊角球都买来，可以把前面大龙球和花生球的游戏动作运用在羊角球上，效果是一样的。

趴地推球

游戏目的：

（1）充分刺激内耳前庭系统，有助于孩子的听觉和语言能力的发展。

（2）增加手肌力，发展手眼协调能力。

（3）促进左右手配合能力、身体平衡能力发展。

（4）建立手指动作的灵活度，增强眼睛专注力。

适合对象：1～4岁孩子。

游戏过程：

（1）孩子在离墙面有一定距离的地方趴着，头抬高，双脚并拢，十指相对，两臂抬起，然后在孩子与墙之间放一个皮球，让其对墙推球。

（2）球推至墙面后会反弹回来，让孩子继续推球，反复做数十次或更多。

（3）或父母与孩子相隔一定距离，互相来回推球。

注意事项：

（1）开始时，如果孩子的手臂抬不起来，父母可扶住其两臂，让孩子少做一些。

（2）父母也可以躺在孩子身边看着或与孩子一起做趴地推球的活动，增加游戏的趣味性。

丢接球

游戏目的：

（1）手臂伸展，增强灵活度，同时提升手指伸张能力。

（2）增进双手、手眼协调能力，增强眼睛的专注力。

（3）提升孩子的方向认知，感受力量大小、速度快慢和对其控制能力。

（4）借丢接球的互动，建立社交能力。

（5）提升孩子的视觉广度，增进其线条处理能力。

适合对象：1～4岁孩子。

游戏过程：

（1）让孩子用双手将球由胸前呈抛物线状方向抛出。

（2）交换丢球的方式，依次练习向下丢，胸前平推，单手侧身丢，各种不同的丢球方式。

（3）父母变换丢球的方向，训练孩子接球的反应能力。

（4）由近距离到远距离，开始练习丢球和接球，孩子臂力增强后逐渐增加丢接的高度和速度。

（5）单球丢接球能力具备后，进行双球互换丢的练习，提高手眼协调能力。

（6）孩子的力量和协调达到一定程度后，可练习投篮。

注意事项：

（1）所使用的球不能太大太重，否则会影响孩子的游戏次数，进而影响感觉统合效果。

（2）孩子的能力没有达到一定水平时，不要提高难度，否则会让其变得不自信。

玩转1/4圆、1/2圆

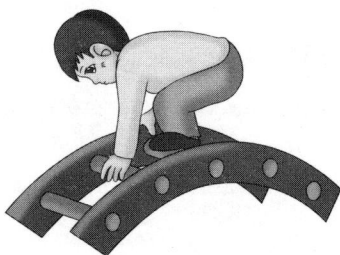

游戏目的：

（1）借助触觉感受、学习，借走动，增加自我感知能力，增加空间、方向的认知。

（2）提升身体平衡能力，增进眼脚的协调能力。

适合对象：2～5岁孩子。

游戏过程：

（1）将4个1/4圆平衡板或2个1/2圆平衡板连起来，摆成S形或其他形状，让孩子在上面正走、倒走；可在上面弯腰走，也可站着走过，注意中间换脚动作；还可抱着球在上面前后走。

（2）可把平衡板立于墙上或直接放在地上，让孩子在上面自由攀爬。

（3）可把平衡板翻过来让孩子玩，也可让孩子躺在上面做摇晃；也可两人在上面做面对面丢接球。

注意事项：

（1）刚开始孩子不能掌握平衡，父母要扶着孩子。

（2）从一端走到另一端，避免孩子下来时翻倒、跌伤。

玩转平衡台

游戏目的：

（1）锻炼孩子的大脑，强化大脑和脑干的知觉机能，增进空间概念，如左右、前后的认识。

（2）体验地心引力对抗斜坡力学原理，训练手眼协调及双手平衡感。

（3）增强孩子对身体的控制能力，让手指更灵活，提高注意力。

适合对象：3～6岁孩子。

游戏过程：

（1）可让孩子盘腿坐于平衡台中间做上下或左右的晃动。

（2）家长可与孩子两人面对面盘腿而坐，做丢接球、拍手念儿歌等。

（3）让孩子两腿分开站在平衡台上，并设法保持平稳，并可以在上面做上下左右摆动，或在上面拍球、丢接球、丢双球。

（4）可两人同时站在平衡台上面，可左右晃动，相互丢接球。

（5）让孩子平躺或仰躺在平衡台上，两腿并拢，两手抓住木板，靠身体用力使平衡台左右连续摆动。

（6）让孩子分别睁眼和闭眼作摇晃，并观察孩子不同的反应；还可以在摇晃中作明显的停顿，先向左倾斜，再向右倾斜，观察孩子对两侧晃动的不同反应。

注意事项：

（1）先练习躺在平衡台上面，再练习站立在上面，让孩子放松身体，慢慢躺下来，伸展手脚的肌肉，要保持身体平衡，要维持一定的韵律感，以促进孩子脑干的功能。

（2）上去的时候从中间上，脚呈八字往外挪，两脚距离与肩同宽，开始的时候父母可以扶住孩子的腰，先让其平衡站立在上面。

（3）密切注意孩子摇晃动作，防止其跌倒。

玩转独角凳

游戏目的：

（1）刺激前庭平衡，提升平衡能力，促进方向感。

（2）增进腿部肌肉力量，提高左右脚配合协调能力，使动作更加灵活。

适合对象：2~5岁孩子。

游戏过程：

（1）让孩子自己坐在凳子上，两脚并拢，双手叉腰，控制平衡。

（2）保持坐姿，双脚交替踢腿，踢完脚收回依然并拢。

（3）保持坐姿，双脚交替踢球、传球。

注意事项：

（1）根据孩子的情况增加难度，确保孩子在凳子上坐稳后才可以做抬脚训练。

（2）要想些其他办法增加趣味性，防止孩子因枯燥乏味而拒绝参与游戏。

跳床

游戏目的：

（1）增进孩子的空间认知，让其体验重力感。

（2）内耳前庭系统的刺激，有助于孩子语言的发展。

（3）增强脚部的肌力，提升粗大动作的协调能力，提升孩子身体控制能力，提升平衡感韵律感。

适合对象：2～6岁孩子。

游戏过程：

（1）双脚原地往上弹跳，前脚掌着地。

（2）能双脚跳后，可改单脚跳、旋转跳。

（3）加大难度、高度，跳高传接皮球。

（4）按节拍边唱歌边弹跳。

注意事项：

家里没有专业跳床的可以用家里的席梦思床代替或者带孩子去游乐场玩跳床。

玩转滑板车

游戏目的：

（1）刺激前庭，有助于孩子听说、能力的发展。

（2）提升眼睛专注力，手眼协调能力。

（3）建立感觉动作的协调能力、身体平衡能力，增加速度的控制能力。

（4）增进中、高、低、上、下等空间认知。

适合对象：2～6岁孩子。

游戏过程：

（1）让孩子趴在滑板车上面正着走，双手一齐往前划动，或倒着双手一齐往后滑动。

（2）让孩子盘腿坐在滑板车上面，父母可以拉着走。

（3）让孩子盘腿坐在滑板车上面或趴在上面，使其旋转。

（4）让孩子俯卧滑板车上，并从一边的球篮里拿出一个球，滑行放在另一边的筐里。

（5）让孩子趴在滑板车上或仰躺在滑板车上，身体伸直，用脚触地，并控制往前、向后滑行。

（6）让孩子趴在滑板车上做推球、捡东西游戏，姿势过程与趴地推球一样。

（7）孩子坐在滑板车上，妈妈蒙着眼睛推车或拉车，由孩子指挥着方向，即向前、向后或转弯等。

注意事项：

（1）孩子在玩滑板时，不要让其手伸到板下方。

（2）从滑梯上滑下时，坡度不要太大，速度不要太快，以免孩子摔倒受伤。

玩转平衡踩踏车

游戏目的：

（1）锻炼前庭平衡，提升身体协调能力。

（2）增加关节的灵活性，提高左右手、左右腿配合能力。

适合对象：3～6岁孩子。

游戏过程：

（1）让孩子先把一只脚踏上去，再把另一只脚放到上面，抓紧扶手，做前进、后退动作。

（2）让孩子站在上面，保持姿势，做单手前进、后退动作。

（3）让孩子站在上面，保持姿势，松开双手，做前进、后退动作。

注意事项：

可先让孩子一个人玩，再和父母比赛，看谁做得更好，增加趣味性。

滚铁罐

游戏目的：

（1）训练孩子跑的能力，增强平衡感。

（2）让孩子学会加速、减速跑，学会自己停稳脚步。

适合对象：1~4岁孩子。

游戏过程：

（1）在一个小铁罐内，装2~4颗小石子。

（2）父母在空地上将铁罐滚到地上，石子使空罐发出响声，会吸引孩子追赶铁罐，到铁罐停止处，弯下身子将铁罐拾起。

（3）如果孩子跑步时不容易停下脚步，可将铁罐滚到墙边或有栅栏的地方，让孩子手扶墙或栅栏，以便停止和蹲下。

注意事项：

注意要用带盖的铁罐，并封好开口。不能直接用打开过的铁罐头，以防开口处划伤孩子。

跳格子

游戏目的：

（1）练习跳跃动作，培养孩子动作的敏捷性。

（2）可以巩固10以内的加法运算。

适合对象：4～6岁孩子。

游戏过程：

（1）活动身体，系好鞋带，画好格子。

（2）父母和孩子一起探索用不同的方法跳格子。

（3）父母喊口令，孩子跳；或孩子喊口令，父母跳。

（4）说算式，让孩子跳在答案数字所代表的格子上。

（5）也可以事先把各格子涂上不同的颜色，让孩子按颜色分类来跳。

（6）最后按民间"跳房子"的游戏规则，让孩子拿一块火柴盒一样大的积木，一边跳，一边把积木踢进指定的格子里，可以低跳、高跳、分合跳、转身跳、飞身跳（间隔一个或两个格子）等。

注意事项：

父母可以根据孩子年龄，变换口令，如3～4岁孩子认颜色，4～6岁孩子可结合数字加减法来跳等。

小鸭捉鱼

游戏目的：

（1）练习走、跳，发展孩子的平衡能力及身体协调能力。

（2）激发孩子参与体育活动的兴趣，并养成良好的活动习惯。

（3）学唱儿歌，继续强化数数。

适合对象：2～5岁孩子。

游戏过程：

（1）准备一些道具当作小鱼以及一个矮凳子，让孩子适当活动身体。

（2）让孩子站在矮凳上，并教他唱儿歌：小鱼小鱼游游游，游来游去真自由。小鸭小鸭爱吃鱼，跳到水中去捉鱼。

（3）念儿歌时孩子站在凳子上准备往下跳，儿歌念完，让孩子跳下来，捡起地上的木道具放到小筐里，并数着1条、2条、3条……

（4）最后让孩子爬上凳子，表示任务完成，给予适当的奖励。

注意事项：

孩子一定要遵守游戏规则，念完儿歌再跳下去。

好玩的绳子

游戏目的：

（1）通过创造性玩绳，培养孩子对绳类体育活动的兴趣。

（2）练习跳绳、钻、跨跳等动作技能，培养动作的协调性。

（3）能健脑益智，提高思维能力，强化算术，培养孩子的合作精神。

适合对象：5～6岁孩子。

游戏过程：

（1）准备3根短绳、1根长绳，然后让孩子做热身运动。

（2）父母先教会孩子跳绳，并和孩子共同探索绳子的玩法。

（3）父母进行跳绳比赛，让孩子在一边数数。

（4）孩子和妈妈或者爸爸进行跳绳比赛，另一个人数数。

（5）一起表演长绳合作跳绳，练习各种不同的玩法。

（6）跳绳累了休息时，可以尝试用绳子拼搭不同的图形，如数字、动物等。

注意事项：

（1）跳绳运动有一定的技巧性，也容易消耗体力，父母和孩子玩时一定要循序渐进。

（2）跳绳时孩子很容易跌倒，一定要注意其安全。

玩转过河石

游戏目的：

（1）锻炼孩子身体平衡能力和跨步的技能。

（2）培养孩子的胆量和自信心。

适合对象：1～3岁孩子。

游戏过程：

（1）准备一些可以踩的道具作为过河石，相互之间按一定距离摆放好。

（2）过河石下面代表有水的河，孩子要站到过河石上，然后一个个跨过去，注意手脚不能接触地板。

注意事项：

（1）过河石的摆放并不一定要呈一条直线，相互间的距离要适当。

（2）刚开始父母可以牵着孩子的手做一遍，然后再让他自己过。

搭积木

游戏目的：

（1）训练孩子的观察力，提高孩子对形状、大小、空间的认知。

（2）有助于孩子手眼协调，训练孩子手部的精细动作，培养孩子的构造力、创造力和注意力。

适合对象：2～4岁孩子。

游戏过程：

（1）还没有开始搭积木前，父母可把各种不同形状的积木放在一起，然后拿出一块，问孩子是什么形状、什么颜色（如孩子太小，可直接告诉他），再让他从积木堆中找出和父母手中一样的积木。

（2）等孩子能够毫无困难地找出相同形状的积木后，再开始让他模仿父母，搭起一座积木房子或其他形状。不要太在意孩子多搭了一个还是少搭了一个，重要的是让孩子感到快乐。

注意事项：

孩子小一些的时候选择大一点的积木，然后逐渐改用越来越小的积木，更有助于孩子手部动作的锻炼。

翻扑克牌

游戏目的：

（1）让孩子了解扑克牌张数及上面的点数，增加算术知识。

（2）练习孩子手指精细动作，增强灵活性。

适合对象：4～6岁孩子。

游戏过程：

（1）把扑克牌一张张掩面平铺在桌面上。

（2）父母和孩子先各翻一张牌，拿到自己面前。

（3）父母和孩子依先前的顺序再随机各翻一张牌，如果翻出的这张牌和先前翻出的数字一样，这两张牌就归他所有，再随机翻一张出来拿到自己面前；如果翻出的牌与自己先前的牌的数字不一样，就把这张牌仍放到桌面上铺好。

（4）然后继续按先前的顺序，各在桌面上翻出一张牌，如果数字一样就归自己所有。

（5）玩到最后桌上没有牌的时候，比比谁得到的牌多。

注意事项：

（1）孩子太小认数不多时，可以选择数字小一些的，牌也可少准备一些，其他不用的收起来。

（2）熟练以后，当孩子能认识整副牌，并能分清颜色时，可加大难度。

传达动作

游戏目的：

（1）体会亲子共同游戏时平等、和谐的愉悦。

（2）增强触觉感受，增强手脚的灵活性。

适合对象：3～6岁孩子。

游戏过程：

（1）父母和孩子围坐在一起，由第一人做一个动作（如拍肩），然后由第二个人跟做此动作；当第二个人做完后，由第三个人接着做此动作；然后由第一个人接着做此动作，循环反复，看能传多久动作不断。

（2）一种传达动作由于某人没跟上而中断后，再换新的动作重新开始。

注意事项：

（1）至少要三人参加此游戏，所传动作最好是手上动作。

（2）做传的动作前双手合拍一次，保持拍手两个重复动作的节奏，速度由慢到快，初玩时可将所传动作做几遍再换。

钓瓶子

游戏目的：

培养孩子动作的准确性以及协调配合能力。

适合对象：3~6岁孩子。

游戏过程：

用小木棍做一个钓鱼竿，将瓶子钓起，父母与孩子比赛，在规定的时间、范围内，谁钓得多为胜。

注意事项：

父母要先教会孩子钓鱼的动作，练习手部力量。

卷"蛋卷儿"

游戏目的：

（1）不断地翻滚有助于孩子触觉和本体感的发展。

（2）孩子皮肤的感觉可以在挤压下逐渐"苏醒"，对于触觉过分敏感或过分迟钝的孩子有很大的帮助。

适合对象：4~6岁孩子。

游戏过程：

（1）先准备一块大的毛巾被，然后让孩子躺在边上，手伸直并紧贴在身上，脚伸直。

（2）让孩子沿着毛巾被里面翻滚，父母像卷"蛋卷儿"一样把毛巾被裹在孩子身上。

（3）毛巾被将孩子裹起来，但头部要露在外面，然后父母轻轻地挤压孩子的双臂、背部、臀部、腿部，并推动其不断地翻滚。

（4）也可以不用毛巾被，让孩子自由地在床上或地板上翻滚，或由父母辅助做一些有节奏的身体摇摆动作。

注意事项：

（1）孩子翻滚时，要注意其手部、脸部的安全。

（2）较小的孩子可以用玩具来引诱，促使他自己做翻滚运动。

（3）在孩子滚动、摇摆的过程中，父母还可以蒙上孩子的眼睛，达到视觉遮蔽训练的目的。

飞毯

游戏目的：

通过晃动让孩子感受身体不同部位压力的变化，感受地心引力，促进孩子的触觉功能发展，强化前庭感觉刺激。

适合对象：4～6岁孩子。

游戏过程：

（1）让孩子俯卧在床单上，父母拽紧床单的边提起来，并前后左右

不断摇晃。

（2）让孩子趴在床单上，父母拽紧床单的边慢慢提起来，并让孩子保持身体的平衡。

（3）还可以让孩子仰卧在床单上，父母拽紧床单的边将孩子抛起来，然后接住。

注意事项：

注意孩子的安全，床单一定要结实，确保孩子的手要抓紧。

运动体验

游戏目的：

（1）强化训练孩子对直线、变速、曲线活动感觉的认知。

（2）锻炼孩子的腿、脚肌肉力量及灵活性。

适合对象：4~6岁孩子。

游戏过程：

（1）直线运动：在地上用胶布贴成一条直线，让孩子双脚前后相接，先用左脚跟接右脚尖，右脚跟再接左脚尖交互前进。双手摊平，以保持身体的平衡。也可以用脚尖着地前进。前进的路线可以直角转弯、斜角前进或圆弧形前进。作直线运动时，孩子手上可拿各种东西，如捧住八分满的水杯，练习如何保持平衡。

（2）变速运动：在家里玩捉迷藏等游戏时，可以通过让孩子加速或者减速跑，达到训练加速、减速的目的。父母带孩子一起去跑步，在跑步的过程中，可以有意识地让孩子进行直线变速运动，例如，父母可以让孩子先加速跑，然后再慢下来，接着再加速跑，从而训练孩子掌握加速和减速的过程。在电梯里，也可以让孩子感受一下在垂直层面上，加速和减速变换的感觉。

（3）曲线运动：让孩子趴在地板上，父母站在前面，并拿一个手电筒，利用手电筒发出的光线来指引孩子做S形（即蛇字形）运动或Z形曲线运动。

注意事项：

（1）父母在孩子有一定行走能力以后才可做此项训练，并注意安全。

（2）在运动过程中，父母可以给孩子设置一些障碍物，让孩子穿越障碍、排除小困难，把握身体的灵活应变能力。

玩转呼啦圈

游戏目的：

（1）锻炼孩子的双脚协调能力及身体平衡能力。

（2）让孩子养成积极锻炼身体的习惯。

适合对象：4～6岁孩子。

游戏过程：

（1）父母拿着呼啦圈站在孩子的身边，鼓励孩子左右腿交替着向后倒着钻过呼啦圈。

（2）让孩子自己推滚着呼啦圈前进，也可借助铁钩推动呼啦圈前进（像滚铁环一样）。

（3）呼啦圈用绳子吊挂着，让孩子用沙包或皮球向圈中投掷。

（4）把椅子或物品放在1米开外，让孩子用呼啦圈去套椅子或物品，比比谁套得准。

（5）让孩子将呼啦圈套在腰上摆动旋转，熟练以后可边转呼啦圈边转身，或边转呼啦圈边走，还可边转呼啦圈边唱儿歌。

（6）父母和孩子一起钻入大的呼啦圈，尝试各种新鲜玩法。

注意事项：

（1）玩呼啦圈的难度要由易到难，逐渐增加。

（2）由孩子自己尝试着完成各种动作，只在必要时给予帮助。

精准投掷

游戏目的：

（1）锻炼孩子的手臂运动能力、手眼协调能力。

（2）让孩子学习目标精准投掷。

适合对象：3～6岁孩子。

游戏过程：

（1）把沙包或类似的玩具扔进1米以内的大盒子里。

（2）把沙包或类似的玩具扔进1米以外的小盒子里。

（3）逐渐增加距离；训练中逐渐地把盒子换小。

注意事项：

（1）开始时父母要手把手地引导孩子投掷。

（2）难度要逐渐加大，尽量让孩子感受到成功的喜悦。

跨栏运动

游戏目的：

增强孩子腿脚的灵活性，提高身体平衡能力。

适合对象：4～6岁孩子。

游戏过程：

（1）准备15厘米高的跨栏（家里没有，可以用绳子两端分别固定在柱子或椅子上）。

（2）父母和孩子一起玩，要求孩子双脚轮流抬高跨过跨栏或绳子。

（3）熟练以后可以把跨栏或绳子高度降低，让孩子双脚跳过。

注意事项：

（1）建议用有弹性的圆形橡皮绳。

（2）父母要先示范如何抬腿跨过跨栏或绳子，必要时给予身体协助，伸手把他的腿抬高。

（3）要时时提醒孩子注意脚下的绳子，避免绊倒。

打保龄球

游戏目的：

发展孩子的手眼协调能力。

适合对象：3～6岁孩子。

游戏过程：

（1）把保龄球（家里可以用空塑料瓶代替）放在1米开外，让孩子滚动皮球去击打保龄球，并把保龄球击倒。

（2）提高难度，将保龄球或空塑料瓶摆在更远处，让孩子滚动皮球并将其击倒。

（3）可以把几个保龄球或空塑料瓶像搭积木一样垒起来，垒得越高越好。

注意事项：

（1）开始时距离可以很近，以便让孩子容易击中，有成就感。

（2）要求孩子必须按训练要求击球，随时提醒，纠正并示范给孩子看。

舀豆豆

游戏目的：

（1）训练孩子手眼的协调，强化汤匙运用的技巧。

（2）让三指有更多的使用机会，为以后写字做准备。

（3）让孩子学会手臂旋转，倾倒东西。

（4）训练其他精细动作。

适合对象：4～6岁孩子。

游戏过程：

（1）准备1个托盘、2个同样款式的碗、1把汤匙、2两绿豆，并把绿豆放到1个碗里面。

（2）让孩子伸出大拇指、食指、中指，握住汤匙，然后从装有绿豆的碗中舀一勺绿豆到另一个空碗里。

（3）反复用勺舀豆，原来装豆的碗中还剩下很少的豆，且舀不起来时，让孩子把碗拿起来，举到另一个碗的上面，另一只手可以扶着碗，然后把拿在手中的碗旋转90～180度，将剩下的豆豆倒入另一个碗中。

（4）再从碗里舀一些豆豆到托盘中，然后让孩子双手或单手拿着托盘走动，并要求豆豆不能从托盘中滚落下来。

（5）如果孩子把豆豆撒到了地上，要求孩子把豆豆一颗颗捡起来，放到托盘上，最后再倒回碗里。

注意事项：

父母要告诉孩子生豆豆还不能吃，防止他塞进嘴里。

跳皮筋

游戏目的：

（1）有利于下肢肌肉力量的发展和关节灵活性的提高。

（2）能让孩子尽情地玩，在跳的过程中发展孩子的协调性，增加肺活量，从跳跃动作中强化前庭刺激，抑制过敏的信息，促进智力的发展。

适合对象：4～6岁孩子。

游戏过程：

（1）准备一根长皮筋，两头打结，由父母各站一边扯成长方形（或将皮筋固定在柱子上，父母和孩子一起跳）。

（2）让孩子先跳一下，然后一只脚钩住皮筋，停一下，另一只脚跨到两根皮筋中间，钩住皮筋的那只脚松开皮筋，然后用一只脚钩住皮筋，另一只脚跟着跳出皮筋外，钩住皮筋的那只脚松开，即完成了一个过程。

（3）上面跳法练熟后，可以教孩子跳更复杂的单脚跳法，以后再学习双脚跳、双脚交替跳、叉花跳等。

（4）在跳皮筋的同时，最好配上歌谣，可以增添跳皮筋的趣味性，例如：

"小皮球，架脚踢，马莲开花二十一；二五六，二五七，二八二九三十一；三五六，三五七，三八三九四十一；四五六，四五七，四八四九五十一；五五六，五五七，五八五九六十一；六五六，六五七，六八六九七十一；七五六，七五七，七八七九八十一；八五六，八五七，八八八九九十一；九五六，九五七，九八九九一百一。"

注意事项：

（1）孩子在家玩可能有些枯燥乏味，父母多让他出去和小伙伴们一起玩，也许更容易学会。

（2）跳皮筋的规则和方法很多，父母开始只教孩子一种，等孩子学会并跳熟练以后再教第二种方式。

照镜子游戏

游戏目的：

（1）培养孩子的观察能力。

（2）训练孩子的空间方位知觉。

适合对象：3~6岁孩子。

游戏过程：

（1）让孩子认镜里面的人物，观察自己和父母的脸、所穿衣服及屋内其他物体形状、大小、颜色等。

（2）父母和孩子并排站在大镜子前面，父母先做一个动作，让孩子模仿，如点头，双手在身体的上下、左右、前后拍手，左右前后移动身体以及转身等动作。

注意事项：

（1）开始时父母的动作要做得慢些并多次重复动作。

（2）如果孩子的表达能力强，可让孩子边模仿边说出动作的方位。

地震游戏

游戏目的：

（1）训练孩子双手稳定灵活、手眼协调能力。

（2）让孩子认识地震，增强应变能力。

适合对象：2～4岁孩子。

游戏过程：

（1）先准备数个干净的大小纸盒或较大的积木数块，铺在软垫的地板上。

（2）父母和孩子面对面坐好，父母示范将纸盒或积木一层一层叠高，然后用手轻轻将垒好的纸盒或积木推倒，叫道"哇！地震！"并迅速爬起来，跑到墙角边，钻到桌子底下或床底下。

（3）接着让孩子自己操作，父母在旁边加油，垒好后照样推倒并叫"地震来了！"然后，引导孩子躲起来。

注意事项：

（1）父母在游戏前要先检查纸盒是否干净、安全，盒盖是否可以盖好；若用积木，则要确认没有尖刺或缺损，推倒时需注意安全距离，以免孩子受伤。

（2）起初孩子还不太能掌握堆叠时的重心及小手摆放的力量，可能叠了两三层就垮下来，然而这是必然的过程，父母可在纸盒借垮下来时叫"地震来了"。做完后要给予孩子鼓励，以增强孩子的信心。

双人两脚走

游戏目的：

（1）锻炼孩子的手臂力量、平衡能力。

（2）培养孩子与人合作的能力。

适合对象：3～6岁孩子。

游戏过程：

（1）在地板（或场地）上画好圆圈、曲线、长方形等，准备若干小障碍物摆在地板各处。

（2）让孩子骑在父母的脖子上，握紧孩子的双手，或快或慢、或走或跳，绕行在小障碍物之间。

（3）父母从背后用双手扶住孩子腋下，让孩子的双脚站在自己的双脚上，和孩子一边念口令"一二一、一二一"，一边沿着画好的图形走。

注意事项：

游戏中可以一起往前走或者向后退，速度可快可慢，但要注意孩子的安全。

反口令

游戏目的：

（1）引导孩子认识身体各部位及其名称。

（2）训练孩子根据"口令"做相反的动作，提升孩子思维的逆向性及思维的敏捷性。

（3）锻炼孩子思维与手脚运动的协调性、灵活性。

适合对象：3～5岁孩子。

游戏过程：

（1）爸爸或妈妈做一回示范，让孩子在旁边听和学。

（2）父母说口令，让孩子来做，如说"起立"，孩子就要坐着不动；说"举左手"，孩子就要举右手；说"向前走"，孩子就要往后退，如果做错了就算输。

注意事项：

刚开始速度要慢一些，给孩子一点反应的时间，以后逐渐加快速度。

玩泥巴

游戏目的：

（1）锻炼孩子手部的灵活性、协调性、精细动作。

（2）增强孩子的观察力、想象力、注意力。

适合对象：3～6岁孩子。

游戏过程：

（1）将泥土或沙土放在大盆子里，孩子坐入其中。让孩子用手做泥球或捏成各种形状，注意观察孩子对各种材料接触时的反应。如果孩子还可以接受，不妨增加泥土及沙土的数量，使孩子的身体接触面更大些。

（2）可以改用其他接触物，如纸、树叶、米、豆等，甚至可以让孩子在沙地、泥浆、草地、碎石子地上做游戏，强化孩子触觉识别力，以促进其感觉的发展。

（3）买一包黏土，含各种颜色，让孩子学会揉、搓、捏等精细动作。让孩子亲自动手，用黏土捏制动物或其他感兴趣的小东西。

注意事项：

（1）泥沙、黏土具有可塑性，非常适合孩子玩，能够使他创造出属于自己的小玩意儿。

（2）父母不要过多地给予孩子批评和指责，要适当地表扬他。

（3）不要怕孩子弄脏身体或衣服，父母可能最大的借口是要帮孩子洗干净，这其实是父母的懒惰心理在作祟，要坚决克服。

抽陀螺

游戏目的：

（1）锻炼孩子手的动作协调、肌肉力量、奔跑转身速度等。

（2）有利于增强感觉统合，提高孩子的智力水平。

适合对象：3～6岁孩子。

游戏过程：

（1）一般孩子抽陀螺的方法有两种，第一种是水平抽法；第二种则是垂直抽法。水平抽法：双腿蹲立，右手沿水平方向向左挥鞭，用鞭尾抽打陀螺腰部，刚开始力量不能太大，也不能太小，熟练后可加大力量。垂直抽法：自然站立，右手执长柄鞭子，先向下再翻腕向左挥鞭，用鞭绳尾部抽打陀螺腰部。

（2）游戏开始前要准备好陀螺和鞭子，然后由父母先示范一遍给孩子看，让孩子反复练习。孩子练习时可以先执鞭空练几次，重点练习翻腕动作，再放陀螺练习。

（3）孩子练熟以后父母可以与他进行比赛，看谁抽得好，转的时间更长。

注意事项：

（1）注意游戏中不要挨人太近，小心被抽到。

（2）还可以在游戏中教孩子学习"为什么圆的东西容易转？""为什么抽陀螺时要沿顺时针抽？""陀螺是怎样直立起来的？"等问题。

跷跷板

游戏目的：

（1）让孩子体验重力感，培养平衡控制能力。

（2）体验上下飞翔的感觉，提高身体协调性。

（3）培养孩子的观察能力、思维能力。

适合对象：2～6岁孩子。

游戏过程：

（1）准备一个跷跷板，父母可以先面对面在上面，示范一下，并问孩子"为什么爸爸那头高，妈妈这头低？"然后给予适当的解释。

（2）让孩子坐在上面并下蹲，妈妈坐在上面稍用点力，然后逐渐加大力量，让孩子那头翘起来，再慢慢松开，让孩子那头低下去。

（3）在跷跷板一头绑上一定的重物（比孩子的体重稍轻），让孩子自己控制跷跷板，并让自己这头和另一头翘起或落下。

注意事项：

（1）跷跷板上最好要有扶手，防止孩子因突然上升或下降而摔倒。

（2）提醒孩子的脚要张开一些，不要放在跷跷板下面，避免压伤。

手指游戏

游戏目的:

（1）手的动作与人脑的发育有着极为密切和重要的关系，锻炼手指对语言、视觉、听觉、触觉等的发展也大有裨益。

（2）增强精细动作能力，提高智力发育。

适合对象：4~6岁孩子。

游戏过程：

（1）孩子和父母互勾手指并拉拉，或手指互相顶一顶，大手、小手互相握一握。

（2）练习手指列队行走。让孩子伸出两手，把手指立在桌面上，然后喊出口令："食指出列！"让孩子的两只手的食指向前移动一点。然后说："齐步走！一二一、一二一！"食指与中指就可以在桌面上一前一后地行走起来。最后说："立定，入列！"孩子的食指停止移动，并排收拢。

（3）训练孩子手指打鼓，即让孩子用两手食指在小鼓上有节奏地敲打，并配合儿歌"上敲咚咚鼓，下敲鼓咚咚，上下一齐敲，中间开了缝。我敲鼓你敲锣，大家一齐敲，中间开了河"。

（4）教孩子学"剪刀石头布"。先让孩子懂得游戏规则，然后再和他一起玩。

（5）配合儿歌互碰手指。如父母先说"你拍一我拍一"和孩子一起伸出大拇指碰一碰；"你拍二我拍二"，父母和孩子一起伸出食指碰一碰；"你拍三我拍三"，和孩子一起伸出中指碰一碰；"你拍四我拍四"，和孩子一起伸出无名指碰一碰；"你拍五我拍五"，和孩子一起伸出小指拉拉钩。

（6）配合儿歌用手指互相触碰身体，先由父母做一遍示范：

一根棍，梆梆梆——伸出一根手指在孩子身上轻轻敲打。

二剪刀，剪剪剪——用食指、中指在孩子身上轻轻夹。

三叉子，叉叉叉——食指、中指、无名指分开伸出，轻触孩子身体。

四板凳，拍拍拍——拇指弯曲，四指并拢，轻打孩子身体。

五小手，抓抓抓——五指分开，然后做抓的动作。

六烟斗，抽抽抽——拇指和小指伸开作抽烟状。

七镊子，夹夹夹——拇指、食指、中指捏一起，在孩子身上捏捏。

八手枪，啪啪啪——拇指和食指作手枪状，啪啪啪射击。

九钩子，钩钩钩——食指弯曲作钩状，在孩子胸前钩钩。

十麻花，转转转——中指搭在食指上，食指伸直，双手转动。

做完一遍后，让孩子学着做，在父母身上敲打、捏捏。

（7）晚上把其他灯关掉，把台灯打开，然后在灯前用双手做出各种姿势投影到前面的墙壁上，表现出各种动物的样子，并且给孩子说明什么动物，如"看，这是什么？像不像兔子？"表示兔子嘴的手指动一动，说："看，兔子的嘴动了，它想吃东西了！"然后让孩子将手指伸到"兔子"的嘴里，说："兔子吃胡萝卜了！兔子吃胡萝卜了！"接着让孩子学着做一遍，并且让孩子自由发挥，做各种兔子的动作，如跑、跳、飞等。一个动物学做熟后，再学习做其他动物的形状，如鸟儿、鱼，也可以做出食物的样子。具体手势见图例：

小狗

手影戏1

熊

手影戏2

飞鸟

手影戏3

双兔

手影戏4

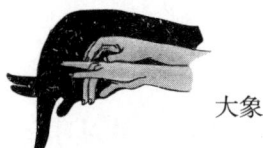

大象

手影戏5

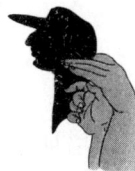

邮差

手影戏6

驴

手影戏7

山羊

手影戏8

豹子

手影戏9

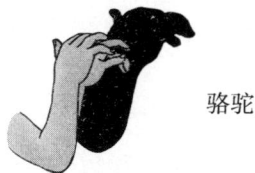

骆驼

手影戏10

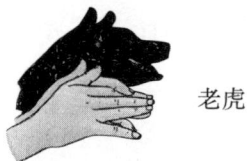

老虎

手影戏11

狐狸

手影戏12

注意事项：

（1）在人的动作行为中，手占其中最大部分，所以要给予孩子更多的训练和指导。

（2）每一项手指的游戏都要孩子多次重复做，不要一遍而过，否则起不了作用。

（3）手影学习不仅锻炼孩子的手眼功能，也能成为孩子的一项兴趣爱好，成为孩子在以后人际交往中一项很重要的技能。

手工折纸

游戏目的：

（1）增加孩子手部的灵活性，提高注意力。

（2）提高认知，培养孩子丰富的想象力。

适合对象：4～6岁孩子。

游戏过程：

（1）准备稍硬一点的纸，一把剪刀（或裁纸刀），一瓶胶水。

（2）用纸可折出许多动物形状，如燕子、大象等。折出的燕子按住它的尾部，它还可以一蹦一跳朝前跑。还可以折出如飞机、信兜、小船、小花等物品。折出的飞机向远处一抛，还可以飞起来，如做得好还可飞得很远。

注意事项：

（1）手工折纸范例非常多，父母可以发挥自己的聪明才智去教孩子，让他也变得喜欢手工制作。

（2）父母最好等孩子大一点再教他使用剪刀，小一点的孩子为他提供裁剪好的纸即可。

参考文献

[1]杨霞.儿童感觉统合训练实用手册[M].北京：第二军医大学出版社，2007.

[2]陈文德.感觉统合游戏室：儿童学习障碍与多动症的治疗与矫正[M].北京：九州出版社，2004.

[3]真果果.幼儿感觉统合训练感觉认知0～6岁[M].北京：中国人口出版社，2006.

[4]黄保法.感觉统合与儿童成长[M].北京：少年儿童出版社，2006.

[5]王顺妹.幼儿感觉统合游戏城[M].上海：上海文汇出版社有限公司，2000.

[6]北京儿童之家教育研究中心.感觉统合亲子教育活动[M].北京：中国华侨出版社，2004.

[7]郑信雄.阶梯成长丛书：如何帮助学习困难的孩子[M].北京：九州出版社，1999.

[8]高丽芷.感觉统合：发现大脑（全3册）[M].南京：南京师范大学出版社有限公司，2008.